非晶氧化物负载单原子
催化剂的光催化性能研究

董世知◎著

中国矿业大学出版社

·徐州·

内容提要

本书重点阐述了非晶氧化物负载单原子催化剂的可控制备,从非晶材料的基本活性分析入手,研究了非晶材料在光催化反应中的应用特点;同时阐述了单原子锚定非晶载体后其光催化剂的性能特点,通过实验制备和第一性原理理论计算两种方法分别探究了非晶氧化物(ZrO_2 和 TiO_2)负载贵金属单原子催化剂的应用特点及催化规律。本书主要内容包括:绪论,非晶氧化锆及负载贵金属 Pt 单原子催化性能研究,ZrO_2/g-C_3N_4 异质结构负载贵金属 Rh 单原子催化剂的理论研究,r-TiO_2/MoS_2 异质结构负载贵金属 Pt 单原子催化剂的理论研究,第一性原理设计 Pt 单原子负载于非金属元素掺杂 ZrO_2 用于光催化析氢,结论等。

本书可供从事材料科学与工程的研究人员、高等院校相关专业师生参考使用。

图书在版编目(CIP)数据

非晶氧化物负载单原子催化剂的光催化性能研究 / 董世知著. —徐州:中国矿业大学出版社,2023.8
ISBN 978-7-5646-5913-4

Ⅰ. ①非… Ⅱ. ①董… Ⅲ. ①氧化物-光催化剂-研究 Ⅳ. ①O643.36

中国国家版本馆 CIP 数据核字(2023)第 149333 号

书　　名	非晶氧化物负载单原子催化剂的光催化性能研究
著　　者	董世知
责任编辑	满建康
出版发行	中国矿业大学出版社有限责任公司
	(江苏省徐州市解放南路　邮编 221008)
营销热线	(0516)83885370　83884103
出版服务	(0516)83995789　83884920
网　　址	http://www.cumtp.com　E-mail:cumtpvip@cumtp.com
印　　刷	苏州市古得堡数码印刷有限公司
开　　本	850 mm×1168 mm　1/32　印张 5.125　字数 138 千字
版次印次	2023 年 8 月第 1 版　2023 年 8 月第 1 次印刷
定　　价	40.00 元

(图书出现印装质量问题,本社负责调换)

前　言

催化材料是解决能源危机问题的重要核心材料。传统负载型贵金属催化剂金属利用率远低于理想水平,单原子催化剂不仅能够大幅提升金属原子的利用效率,还兼具均相与多相催化剂的优点。但单原子催化剂存在稳定性不足和易团聚的缺点,因此寻求与单原子相匹配的功能型载体成为研究热点。

本书重点阐述了非晶-单原子催化体系的构筑及理论研究。通过实验+理论计算的方法,探究了适配贵金属单原子催化剂的功能型载体设计。针对非晶-单原子催化体系的可控构筑进行了实验探究,运用密度泛函理论,计算验证了非晶异质结构复合型单原子催化剂载体设计的可行性。具体内容如下:

(1) 采用液相合成法可控制备了非晶 ZrO_2 负载 Pt 单原子催化剂。通过物相分析、结构表征等方法构建了非晶-单原子催化体系,阐明其在光催化二氧化碳还原过程的催化机理及优势。实验结果表明,非晶 ZrO_2 负载 Pt 单原子催化剂与晶体 ZrO_2 相比具有较窄的带隙、较低的光催化过电位、较高的电子空穴分离效率。二氧化碳还原转化效率达到 16.61 $\mu mol/(g \cdot h)$,选择性高达 97.6%。

(2) 设计了晶体(非晶)ZrO_2/石墨烯氮化物 $g-C_3N_4$ 异质结构负载 Rh 单原子催化剂。利用密度泛函理论对其结构、性能进行计算,结果表明,设计的催化剂模型均能稳定存在,非晶态表面的不饱和配位键引起的电子浓度变化对光催化析氢反应有促进作用,Rh 原子引入后,催化剂的光吸收系数从 $1.48×10^4$ cm^{-1} 提高到 $2.12×10^4$ cm^{-1},光吸收范围得到显著扩展。

(3) 设计了晶体(非晶)TiO_2/二维 MoS_2 异质结构负载 Pt 单原子催化剂。利用密度泛函理论对其结构、性能进行计算,结果表明,催化剂模型均能稳定存在,非晶 TiO_2/MoS_2 异质结构具有良好的电子-空穴分离能力,Pt 原子负载后,光吸收系数从 $7.92×10^4$ cm^{-1} 提高到 $9.10×10^4$ cm^{-1},对光催化析氧反应有促进作用。

(4) 设计了掺杂非金属元素(C、N、P、S)的 ZrO_2 负载 Pt 单原子催化剂,采用密度泛函理论解释了非金属元素掺杂和单原子光催化剂的构效关系,分析了配位环境对光催化析氢反应的协同作用,结果表明,最佳负载结构为 $Pt@ZrO_2(111)-P$。

感谢合作导师北京航空航天大学郭林教授的指导,感谢国家自然科学基金委员会对本书研究的支持。

由于作者水平所限,书中难免存在不足和疏漏之处,敬请读者批评指正!

作 者

2023 年 7 月

目 录

第 1 章 绪论 ……………………………………… 1
  1.1 研究背景 …………………………………… 1
  1.2 单原子催化剂介绍 ………………………… 3
  1.3 负载型单原子催化剂 ……………………… 10
  1.4 光催化剂研究进展 ………………………… 15
  1.5 本书研究内容 ……………………………… 17

第 2 章 非晶氧化锆及负载贵金属 Pt 单原子催化性能研究 ……………………………………… 19
  2.1 研究背景 …………………………………… 19
  2.2 实验 ………………………………………… 21
  2.3 结论分析 …………………………………… 25
  2.4 小结 ………………………………………… 52

第 3 章 $ZrO_2/g-C_3N_4$ 异质结构负载贵金属 Rh 单原子催化剂的理论研究 …………………………… 54
  3.1 研究背景 …………………………………… 54
  3.2 计算方法 …………………………………… 56
  3.3 结论分析 …………………………………… 58
  3.4 小结 ………………………………………… 74

第 4 章　r-TiO$_2$/MoS$_2$ 异质结构负载贵金属 Pt 单原子催化剂的理论研究 ………………………………… 76
　4.1　研究背景 ………………………………………… 76
　4.2　计算方法 ………………………………………… 77
　4.3　结论分析 ………………………………………… 79
　4.4　小结 ……………………………………………… 95

第 5 章　第一性原理设计 Pt 单原子负载于非金属元素掺杂 ZrO$_2$ 用于光催化析氢 ……………… 97
　5.1　研究背景 ………………………………………… 97
　5.2　计算方法 ………………………………………… 99
　5.3　结论分析 ………………………………………… 102
　5.4　小结 ……………………………………………… 126

第 6 章　结论 …………………………………………………… 127

参考文献 ………………………………………………………… 129

第1章 绪 论

1.1 研究背景

催化材料作为一类特殊的功能材料,在国民经济和社会进步中发挥着至关重要的作用。根据相关资料,高达 80%~90% 的化工过程和 90% 的工业产品直接或间接与催化剂相关。催化剂不仅是化学化工、节能减排以及资源高效转化和利用的关键,也为新能源的开发、废弃物的利用和污染物的处理提供可行的解决方案,更是众多经济命脉和国计民生领域的核心技术。因此,催化剂的研究、开发和应用已成为提高国家科学技术和工业总体水平的关键领域[1-2]。

d 带中心理论揭示了过渡金属作为催化剂具有独特的效果,其中 Pt 系贵金属催化剂因其稳定性和高效的催化活性而受到广泛研究[3-5]。目前,贵金属纳米颗粒的制备技术已相对成熟,具有简单可控、表面易修饰、粒径均匀、分散性良好等特点。虽然贵金属催化剂具备耐高温、抗氧化和耐腐蚀等优良特性,但由于其资源稀缺和昂贵的价格,无法满足国家科技和工业发展的需求。而纳米尺度的过渡金属材料具有一些特殊的效应,如量子尺寸效应、表面效应和介电限域效应,能够破坏晶体周期性边界条件,导致纳米微粒表面层附近的原子密度减小,并且电子的平均自由程变短,局部性和相干性增强[6]。基于上述情况,开发新型的多级结构功能化载体来负载贵金属成为解决能源储备和化工生产的核心关键。

如上所述,当过渡金属的尺寸减小到极限状态时,每个金属原子以单原子尺度分散,并且表面原子的利用率可达100%,如图1-1所示[7-9]。

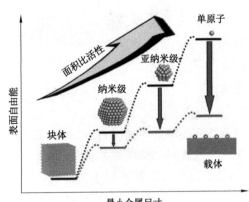

(a) 金属催化剂发展历程

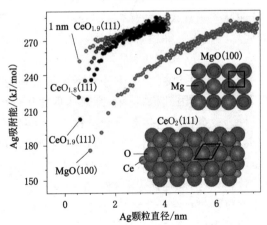

(b) 不同载体银(Ag)颗粒尺寸与吸附热的关系

图1-1 催化剂尺寸发展及性能影响

1.2 单原子催化剂介绍

1.2.1 单原子催化剂的性能特征

随着纳米催化和表征技术的全面革新与发展,越来越多的研究者发现,催化活性位点实际上是表面上不饱和的配位原子。因此,通过调控微纳米材料的晶面、尺寸和形貌,人们可以调控催化材料表面原子的结构和分布,以改善催化活性。当催化材料粒子缩小到单一原子尺度时,其电子状态和能级结构会发生实质性的改变,形成具有原子级分散的金属活性中心[10-11],从而展现出卓越的催化性能和极高的原子利用效率,在活性、选择性和稳定性方面优于其他传统纳米催化剂。这些优势表明单原子催化剂在催化领域具有巨大的发展潜力。

(1) 高活性

相较于传统催化剂,单原子催化剂因其复杂的电子学特性和结构特征,具备更高的催化活性。例如,与常用的金纳米催化剂相比,Qiao 等[12]合成的 Pt_1/FeO_x 单原子催化剂在低温下将 CO 选择性氧化的效率提高了至少 1 到 2 个数量级。通过逐步还原法,Zhang 等[13]将 Au 单原子嵌入 Pd 团簇,形成复合型单原子催化剂,显著提高了葡萄糖氧化反应的效率,其活性甚至比纳米 Au 团簇高出 17 倍。Shi 等[14]采用共沉淀法成功合成了性能更优异的 Pt/FeO_x 催化材料,并将其作为电极应用于二氧化锡导电玻璃中,明显促进了电催化反应的进行。

(2) 高选择性

单原子催化剂的单一催化活性原子位点结构决定了单个活性原子在催化反应中必须具备较高的选择性。例如,Kyriakou 等[15]通过气相法将 Pd 单原子吸附到 Cu 表面上,制备了合金相的单原子催化剂。在催化加氢反应中,Cu 表面的 Pd 单原子成为催化活性位点,降低了合成产物解吸的能垒,从而促进了高效的乙炔或苯乙烯的氢化反应。Guo 等[16]通过构建硅化物晶格限域的单铁中心,制备了 Fe 单原子催化剂,在甲烷的无氧转化中,持续转化率达到了 48.1%,乙烯的选择性达到了 48.4%,总烃产物的选择性超过 99%。Lin 和 Wei 等[17-18]报道的 Pt 基单原子催化材料在对氨基苯乙烯的选择性加氢反应中表现出高达 99% 的选择性,是目前水平最高的。

(3) 高稳定性

在实际生产应用和工业发展中,单原子催化剂的高活性和高选择性仅是其中的一部分考虑因素,还需要关注催化剂的稳定性和重复利用率,确保其使用寿命。Qiao 等[19]合成的单原子催化剂 Au/FeO_x 在高温(460 ℃)下可持续进行 50 h 的 CO 氧化反应,表现出出色的化学稳定性。

然而,单原子催化剂在实际应用中也存在一些缺陷。当材料中的金属粒子尺寸降至单原子极限时,比表面积迅速增大,导致金属颗粒表面自由能急剧增加,容易发生聚集形成较大的团簇(如图 1-2 所示),最终导致催化剂失活并显著降低催化效率[20]。因此,如何保持单原子催化剂的高度分散性仍然是催化领域的技术难题,该问题已成为限制其发展的关键点。

1.2.2 单原子催化剂制备

当制备单原子催化剂(SACs)时,具有高表面自由能的分散金属原子通常不稳定,并且在合成和后续处理过程中易于聚集形成更大的聚集体,因此这是一项具有挑战性的任务。目前,大多数实验室使用常规的湿化学方法制备单原子,但其金属负载水平较低。近年来,为了避免聚集,人们开发了一些新的、可靠的制备高负载单原子的方法。以下是几种常见的制备方法:

图 1-2 单原子团聚现象[20]

(1) 高温蒸汽运输

Jones 等[21]报道了一种高温气相运输方法,通过在高温氧化条件下物理混合 Pt/La-Al$_2$O$_3$ 催化剂和二氧化铈粉来制备 Pt 单原子。在 800 ℃的流动空气中,将 Pt 分子作为可移动的 PtO$_2$ 释放,并被固定在铈表面形成稳定的单原子 Pt/CeO$_2$。通过研究三种具有不同表面结构的二氧化铈发现,立方二氧化铈仅能减缓 Pt 的烧结过程,而棒状和多面体二氧化铈则能有效捕获 Pt 物种。在反应过程中,单原子催化剂中的 CeO$_2$ 和 Pt 原子仍然是孤立的。Dvořák 等[22]分析了一系列的表征结果以及密度泛函理论(DFT)的计算结果,表明铈载体的台阶边缘能够有效固定 Pt 单原子。

(2) 光化学法

Liu 等[23]开发了一种光化学方法制备单原子钯/氧化钛催化剂(Pd/TiO$_2$),将单原子 Pd 分散到稳定的超薄 TiO$_2$ 纳米片上。在紫外光的作用下,TiO$_2$ 表面产生乙二醇(EG)自由基。EG 自由基促进 PdCl/TiO$_2$ 中间体的形成,并易于转化为 Pd/TiO$_2$。该方法制备的 Pd 负载密度较高(高达 1.5%)。Pd/TiO$_2$ SAC 对 C=C 和 C=O 键的加氢反应表现出较高的催化活性和良好的稳定性。

(3) 热解法

受制备碳基金属催化剂方法的启发,也可以通过热解法制备

M/C SACs。这一过程一般包括两个步骤：首先将金属前驱体与碳前驱体结合，然后在惰性气体环境下对前驱体进行高温热处理，从而得到含碳金属原子的催化剂。Zhang 等[24]利用介孔碳载体成功通过热解法合成了 Co—N—C SAC。Co—N—C 催化剂的活性位点是由 Co 单原子与石墨薄片中的 N 形成配位关系。这种催化剂在 C═C 键形成反应中展现出卓越的性能，能够从简单易得的底物构建复杂的分子。通过以伯醇和仲醇的好氧氧化交叉偶联反应为示例（见图 1-3），该催化剂实现了高效的转化频率、优异的循环性能和广泛的底物适应性。基于 Co 单原子的 TOF 计算值达到 $3.8\ s^{-1}$，使其成为迄今为止发表文献成果中最高效的催化剂之一。进一步的，在相对温和的反应条件下，将 Co—N—C 单原子催化剂应用于硝基芳烃的化学选择性加氢反应，成功合成偶氮化合物。通过高角度环形暗场扫描透射电子显微镜（HAADF-STEM）、X 射线吸收精细结构光谱（XAFS）和密度泛函理论（DFT）计算的分析，确定了 Co—N—C 催化剂的精确结构为 $CoN_4C_8—2O_2$。其中，中心原子 Co 与石墨层中的 4 个吡啶 N 原子形成配位关系，而两个氧分子弱吸附在垂直于 CoN_4 平面的 Co 原子上。这些对催化中心精确结构的确定有助于我们理解 Co—N—C 催化剂的卓越活性和化学选择性能力。

（4）原子层沉积法

原子层沉积（ALD）法被开发用于制造金属氧化物薄膜并实现原子级精确控制。2013 年，ALD 法首次应用于制备稳定的 Pt SACs[25]，这是一种有效的方法，可以制备均匀分散的单原子催化剂。具体机理如图 1-4 所示。由于可扩展性有限、生长速率低和前体成本高等问题，ALD 法在商业规模上应用较为困难。在过去几年中，一些基于 ALD 制备的负载型 Pd SACs 表现出了良好的催化性能。Yan 等[26]利用 ALD 技术将 Pd 分散在石墨烯载体上。他们制备的 Pd_1/石墨烯催化剂在温和的反应条件下对

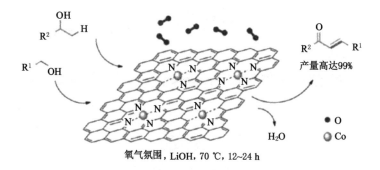

图 1-3 单原子催化剂 Co—N—C[24]

1,3-丁二烯进行加氢反应,其转化率达到 95%,丁烯选择性约为 100%。此外,Pd_1/石墨烯还展现出高耐久性和抗失活性。Piernavieja-Hermida 等[27]采用 ALD 两步法合成了 Pd 单原子催化剂。第一步是在 Al_2O_3 基底上沉积 Pd 前驱体,并通过六氟乙酰丙酮(HFAC)配体的作用阻止 Pd 原子的团聚。第二步是在 Al_2O_3 基底上选择性地生长 TiO_2,形成 $Pd(HFAC)_2$ 络合物周围的 TiO_2 纳米腔。去除配体后,形成了稳定的 Pd 位点。该 Pd 单原子催化剂在甲醇分解反应中表现出良好的活性,但在煅烧或低温(200~300 ℃)还原时会发生聚集,因此需要在反应活性和稳定性之间做到良好的平衡。当 TiO_2 沉积循环次数较多时,热处理过程中 Pd 原子的烧结受到抑制,从而降低了催化活性。

(5) 一锅湿化学法

近几年,出现一种新的方法合成 Ru 单原子,该方法被称为一锅湿化学法[20]。在这种方法中,通过在超薄钯纳米带上进行化学反应,成功地合成了 Ru 单原子。金属负载量约为 5.9%。纳米带中均匀分散着 Ru 和 Pd 原子。相比工业上常用的 Ru/C 和 Pd/C 催化剂,超薄 Pd/Ru 纳米带在烯丙基苄基醚的选择性加氢反应中展示出较好的催化性能,同时对邻苄基没有发生加氢反应。这表

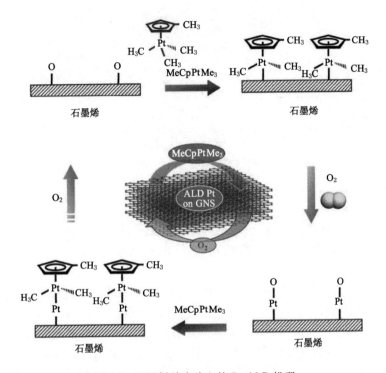

图 1-4　石墨烯纳米片上的 Pt ALD 机理

明一锅湿化学法制备的 Ru 单原子催化剂在选择性加氢反应中具有潜力,并且可能成为一种新的高效催化剂。

(6) 固相熔融法

固相熔融法是一种合成方法,Guo 等[16]对其进行了研究。在高纯氩气气氛下,将 SiO_2 和 Fe_2SiO_4 进行混合球磨,随后经过高温热处理和硝酸洗样的步骤,通过干燥处理得到硅化物晶格的单中心铁催化剂,其含铁量为 $0.5wt\%Fe@SiO_2$($wt\%$ 表示质量百分数)。该方法实现了在无氧化剂条件下将甲烷直接转化为芳烃、乙烯和氢气的目标。

（7）直接合成法

利用有机结构导向剂和硫醇稳定的 Pt 前驱体，通过直接合成法制备了包覆 Pt 的高硅大斑岩（CHA）[28]。Pt/CHA 催化剂在不同条件下，甚至在存在 H_2、O_2 和 H_2O 的条件下，能有效阻止金属烧结的发生。在氧化条件下，纳米 Pt 粒子可以转化为单个 Pt 原子，而在还原条件下，Pt 原子又可以重新聚集成 Pt 粒子（见图 1-5）[29]。由于 CHA 材料具有较小的孔隙尺寸，Pt/CHA 催化剂对乙烯而非丙烯进行氧化反应。这表明直接合成法可用于制备高效的 Pt 单原子催化剂，并在特定条件下实现催化剂的活性调控。

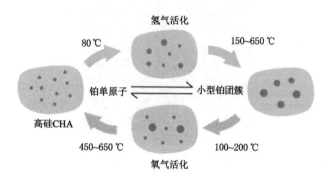

图 1-5　孤立单原子与铂纳米粒子之间的可逆转化[29]

由此发现，对于单原子催化剂的合成，依旧存在合成条件复杂、限制较多等问题。想要切实解决单原子催化剂的可控制备，可以通过两种途径进行改善。一是寻找利于单原子有效锚定的载体材料，其应该具备良好的表面吸附活性及稳定性，作为单原子催化剂的助催化剂。二是挖掘制备温和、可控性强且结构稳定的制备工艺及制备方法。

1.3 负载型单原子催化剂

为了改善和提升催化剂中单个原子层次分散的负载量和稳定性,可以采用具有高规整性或与单个原子具有高界面能的复合型载体催化剂。载体在催化剂中扮演重要的角色,它具有以下功能:作为成分的黏合剂、支撑体和分散剂(见图1-6)[30]。

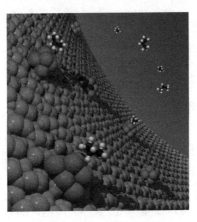

图1-6 载体负载催化剂[30]

它可以提高活性成分的分散度,提供机械强度,改善导热性和热稳定性,减少贵重催化剂成分的使用量,提供合适的孔道结构和增大比表面积。此外,载体还可以增强活性成分与载体之间的协同作用,例如"溢流"效应和金属-载体强相互作用(SMSI)[31]。此外,载体还可以用于将均相催化剂或酶固定化,为新型光催化剂的开发提供新的途径。

将催化活性金属组分负载到高比表面积的载体上可以得到负载型金属催化剂。这种催化剂能够确保金属成分具有良好的分散度,并提高原子的最大利用率。如图1-7所示,纳米石墨烯载体上负载了铁单原子。纳米石墨烯载体不仅保证了铁单原子催化剂在结构上的稳定性,而且具有易于分离的优点,同时也不会影响铁单原子的孤立活性位点[32]。这种载体的应用可以有效地提高催化剂的性能和稳定性。

图 1-7 纳米石墨烯载体负载铁单原子[33]

奥斯瓦尔德(Ostwald)效应表明,由于化学势较高的小颗粒的不稳定性,小颗粒上的原子可能会从中脱离并被大颗粒吸附团聚[33]。在实际催化反应中,负载型金属催化剂的金属颗粒受到周围物理化学条件和内部环境的干扰,从载体表面的活性位点脱离,并发生一系列的聚集、扩散和烧结现象。当催化粒子接近极限状态时,很容易导致催化剂的失活[34]。由于载体具有重要功能,它在大多数异相催化剂中都是不可或缺的组成部分,因此负载型催化剂是一类极为重要且具有广泛应用潜力的催化剂。

1.3.1 非晶材料载体

非晶载体催化剂具有与金属单原子相似的高表面能特性。采用具有良好均一性和高规整性的非晶载体可以有效阻止金属颗粒的熟化现象[35]。非晶态是一种特殊的新材料形态,目前还没有一个较完善的定义。一般来说,非晶结构在微观上表现为长程无序和短程有序的特征,与液体相似。近年来,非晶材料在催化领域展现出良好的催化活性,特别是在光催化和电催化方面的活性不逊色于贵金属。

非晶材料能够提供更多的缺陷和反应位点。加拿大滑铁卢大学的 Srivastava 等[35]研究发现,纳米级非晶二氧化钛具有更多的反应位点,其反应活性高于经退火后的晶体材料。非晶结构可以有效调节电子状态。Zhou 等[36]研究发现,在晶体二氧化钛外部覆盖一层非晶层,非晶表面的缺陷能够有效调节带隙的电子态,使禁带宽度降低至 1.0 eV,并在颗粒表面形成微型电场,可提高材料的储能能力。非晶的无序结构提供了更优异的电子离子迁移方式。Cargnello 等[37]将非晶氧化铝基体制成二维材料,并用三乙氧基硅烷进行修饰,可以改变 Pd@CeO_2 催化剂的表面接触性能,提高电子传输能力,极大地提高了甲烷的转化效率。

目前,人们对非晶材料的了解相对于晶体材料来说还较为有限。主要原因是非晶材料的内部结构非常复杂,无法用传统研究晶体的方法进行研究。研究人员尚未建立一个完备的模型或系统的理论来描述非晶材料。但是,最近的研究已经取得了一些重要的发现,涉及非晶金属内部结构中的短程有序、中程有序、多态性和长程拓扑有序等特殊结构[38-40]。此外,还有研究分析了非晶材料中局部原子环境以及存在用于电池的锂迁移等现象[41]。

非晶材料由于其特殊的原子排列特性,表现出超高的机械性能和催化活性[42]。然而,块体非晶材料的低比表面积限制了它们的应用前景。相比之下,纳米级非晶材料具有更大的比表面积,表现出更好的性能。Shen 等[43]制备了 $CoSe_2$/非晶 CoP 材料,与 $CoSe_2$/晶体 CoP 材料相比,前者在电催化析氢性能和稳定性方面都表现出优势。这是由于非晶材料具有大量活性位点,并且表面活跃的电子态增强了非晶材料与其他组分之间的紧密接触程度。

同时,非晶材料的各向同性使其能够更好地应对析氢过程中由应变引起的体积变化,从而提高了耐腐蚀性和反应活性。

非晶纳米材料的性能取决于其微观结构[44]。微观结构通常可以细分为四大类:大小、形态、组成和组装方式。综合调控这些结构因素对纳米材料的性质进行控制被认为是实现纳米技术应用的一个必要挑战[46-47]。在这些结构因素中,特别是对于非晶纳米材料,形态控制是非常困难的。由于非晶纳米材料具有复杂的内部结构,其生长过程通常呈现出无规则的形态。因此,传统的合成方法在制备非晶纳米材料时效果并不理想。例如,使用液相方法合成时,产物形态通常是不规则颗粒,而使用沉积方法合成时,产物形态通常是薄膜。

1.3.2 异质结构材料载体

范德瓦耳斯异质结构材料是利用能带工程将材料组装成异质结构的一种新型半导体材料,在光催化和电催化方面展现出显著的效果[47-48]。范德瓦耳斯异质结构使电荷迁移至表面的距离缩短,并能保持两个组分之间的最大接触面积,更好地展示各组分的催化优势。同时,它能够促进光生电荷的快速分离和转移,有助于界面电荷转移[49],从而扩大光催化剂体系的多样性。金属氮氧化物和氧硫化物作为新型光催化剂已经出现,其中价带由N-2p和S-3p态组成,能量高于O-2p态,导致带隙缩小,从而更好地提供活性反应中心,并有效抑制光生电子和空穴的复合[50]。

一般情况下,体相材料的禁带宽度(E_g)会随着材料的变薄而增大,导带底(CBM)上移和价带顶(VBM)下移[51]。例如,体相结构的TiO_2具有约3.2 eV的E_g,CBM和VBM分别为-0.5 eV和2.7 eV(参考标准氢电极,pH=7)。而对于二维TiO_2,其CBM上移0.12 eV,同时VBM下降0.48 eV,导致E_g增大,这使得其在电子和光学性能方面具有优越性能,因此在光催化领域得到广泛应用[52-53]。

Vahedi 等[54]团队设计了 CuS-ZrO$_2$ 异质结构材料,并发现其在紫外波长范围内具有很高的吸收强度,可应用于光催化领域。另外,g-C$_3$N$_4$ 基半导体异质结构(第二类型异质结构)光催化剂具有适当的带隙,使得载流子与空穴复合程度较低,有利于光催化反应的进行[55-56]。g-C$_3$N$_4$ 具有适宜的禁带宽度(E_g 约为 2.77 eV)和导带底(CBM 约为 -1 eV),其光谱吸收范围同时覆盖紫外光和可见光区域,且具有足够的电子还原能力来满足 H$_2$ 还原反应的需求[57]。这些异质结构电催化剂由于其特殊的层状结构,具有相对稳定的电化学性质和独特的电子轨道,在水的析氢过程中能够产生较低的过电位,有助于促进析氢反应的快速进行。因此,设计异质结构单原子催化剂将成为未来高效、稳定的限域催化的重要方向之一[58]。

1.3.3 其他载体材料

除了前面提到的特殊载体,碳基材料以及金属-有机框架材料也可以作为有效构筑单原子催化剂的载体[59-60]。碳基材料一直以来是最重要的催化剂或催化剂载体之一,它具有出色的化学和机械稳定性、可调控的孔隙率和表面性能、较好的电和热导率、高比表面积、可变的结构和形态、易于处理及低成本等优点[59]。金属-有机框架材料(MOFs)中分散的金属离子节点具有明确的配位环境,这使其成为构建单原子催化剂的理想前体类型。通过有机连接剂的碳化过程,可以原位减少多余的金属节点,从而得到负载在 N 掺杂多孔碳载体上的单原子催化剂。这种独特方法的显著优点是能够轻松构建高金属单原子负载的催化剂,这在大规模生产中非常重要。以 Yin 等[60]的研究为例,他们利用 Zn/Co 双金属 MOF 的原位热解方法合成了 4%碳负载的 Co 单原子催化剂。该催化剂的半波电位(0.881 eV)比商业化的 Pt/C 催化剂(0.811 eV)和大多数的非贵金属催化剂更优越。此外,由于 MOFs 的热解过程会扩大相邻 Co 原子在空间中的距离,大大降低了单原子团聚的概率,从而使催化剂具有良好的稳定性。

1.4 光催化剂研究进展

1.4.1 光催化析氢反应

氢气作为高热值且无污染的能源材料,被认为是未来重要的清洁能源之一。氢气的产生和储存成为科研人员关注的核心问题。光催化制氢作为一种新兴的温和技术,可以利用催化剂分解水制取氢气,将可再生的光能转化为化学能,并且可以同时分解污染物[61-62]。光催化制氢过程没有二次能源消耗,不产生任何危险的副产品或污染物。产生的氢气可以与空气中的氧气反应释放能量,并生成无污染的水作为副产物,对环境友好[63]。

1972 年,Fujishima 等[64]发表了关于在 TiO_2 电极上光解水的文章。他们通过将 TiO_2 置于水中,并用紫外灯照射,成功将水分解为氧气和氢气。基于 $g-C_3N_4$ 半导体异质结构(第二类异质结构)的光催化剂具有适当的带隙以及低复合程度的载流子和空穴,这对于光催化反应非常有利[65-66]。这些异质结构催化剂由于其特殊的层状结构,具有相对稳定的电化学性质和独特的电子轨道,能够产生低过电位,促进快速的氢气析出反应。因此,设计异质结构单原子催化剂将成为未来高效和稳定的约束催化的重要方向之一[67]。然而,异质结构仍然存在许多科学问题需要解决,例如,异质结构材料的有效组件是否具有标准,以及如何描述电子和空穴在双异质结构材料中的超快载流子动力学行为,这些问题都将影响该体系在光催化、光存储和光电器件设计方面的发展。

1.4.2 光催化剂二氧化碳还原反应

化石燃料一直以来是人类主要依赖的能源来源[68]。然而,过度的化石燃料消耗导致大量温室气体(如二氧化碳)在大气中积累,对环境产生严重影响,包括全球变暖、海冰融化、海平面上升和物种灭绝等。面对能源短缺和环境恶化,处理温室气体 CO_2 成为迫切需要解决的问题。因此,通过开发高效的催化剂来提高 CO_2 合成气转化成为能源化工领域的重要科学问题[69-70]。

单原子催化剂具有每个催化位点配位方式高度一致的特点,不存在纳米颗粒中不同晶面、顶点、界面等的差异。由于具有低成本、高稳定性、高选择性、高催化活性和高原子利用率等特点,单原子催化剂已成为 CO_2 还原研究的热点手段[54-55]。例如,研究人员开发出了一种新型的镍原子单原子催化剂[56]。利用镍原子独特的结构特性,其最外层未配对的电子很容易形成离域态,与 CO_2 在还原过程中形成共价键,形成带负电的 $Ni-CO_2^{\delta-}$ 结构,并展示出极高的催化效果。

目前,大多数 CO_2 催化还原研究主要集中在实验方面,还无法提供详细的还原机理。此外,贵金属单原子催化剂的载体主要集中在三维体系中,对于低维载体下的单原子催化剂催化机理的阐述较少,载体在催化反应中的协同作用也不明确。这些问题仍需要进一步研究和探索。

1.4.3 光催化剂降解染料

处理染料污染废水是世界各地的一个主要水污染问题之一,半导体辅助光催化处理染料污染废水近年来引起了广泛的关注。根据光催化剂在紫外光或可见光照射下的氧化还原能力,发现半导体氧化物可以在环境中降解不可生物降解的有机染料,净化污水[71]。

在半导体氧化物的晶格中掺杂金属单原子通常是提高光催化性能的有效方法[72]。光生电子可以成功转移到掺杂金属原子中，这可以帮助半导体中的电荷分离，并为减少吸附提供活性电子。Rong 等[73]在石墨烯衬底上通过一步法成功制备了 Cu-ZnO 纳米团簇。合成 $Cu_1@ZnO/GPET$ 材料对亚甲基蓝溶液的降解具有较强的光催化活性。铜单原子显著地改变了 ZnO/GPET 的性质。因此，以上研究对于光催化剂新发展、新体系的研究具有深远意义。

1.5 本书研究内容

选择和调控高效的单原子催化剂载体对于提升催化剂性能具有很高的价值。非晶材料具备高界面能、更多负载位点和异质结构多组分之间的协同作用，对单原子催化剂的载体构筑有着重要影响。因此，本书结合上述方面，设计以下研究内容：

① 设计非晶氧化锆纳米线负载单原子 Pt 催化剂。通过制备具有不同晶相（非晶相、晶相和不同比例的晶态-非晶态混合相）的氧化锆纳米线，并运用 XRD(X 射线衍射)、XPS(X 射线光电子能谱)、XAFS(X 射线吸收精细结构谱)、Raman(拉曼光谱)和 EPR(电子顺磁共振)等表征手段，对样品的原子结构和表面催化活性进行表征，以探究其光催化二氧化碳还原性能，并明确非晶氧化锆的优势。同时，在非晶载体上构筑 Pt 单原子，研究非晶载体单原子催化剂在光催化方面的转化优势。

② 设计晶体(非晶) $ZrO_2/g-C_3N_4$ 异质结构负载 Rh 单原子催化剂，通过理论计算分析其电子结构和催化性质，探索光催化析氢的潜力。通过分析层间载流子输运效率以及反应中不同原子的轨道贡献，揭示反应机理，并验证异质结构单原子催化剂在光催化中具有广泛的应用前景。

③ 设计晶态(非晶态)金红石 TiO_2(r-TiO_2)/晶态 MoS_2 异质结构负载单原子 Pt,构建新型功能化单原子光催化剂,探究缺陷态异质结构对催化效果的构效作用,填补异质结构单原子催化剂领域的研究空白。通过密度泛函理论分析其电子性能和光吸收率,期望为单原子光催化剂的功能化载体设计提供研究思路和基础。

第 2 章 非晶氧化锆及负载贵金属 Pt 单原子催化性能研究

2.1 研究背景

随着人类经济的快速发展和全球人口的增长,二氧化碳(CO_2)的排放量不断增加。CO_2 是温室气体之一,其在大气中的浓度升高会导致地球温度升高,进而引起全球气候变化。如何高效降低 CO_2 排放以达到碳中和已成为几乎所有国家关注的焦点。因此,CO_2 的催化转化和利用成了一个有吸引力和有潜力的研究课题,因为它们可以利用取之不尽、用之不竭的太阳能进行燃料和产品的转化[73]。由于 CO_2 是惰性分子,需要选择具有高效催化活性和选择性的催化剂来促进其转化。目前的催化剂还存在着低活性、不稳定和低选择性等问题,需要进一步研究和优化[74]。

贵金属催化剂因其自身具有防水、耐酸碱腐蚀、抗压耐高温和抗氧化等优越的综合应用性能,是一种重要的金属催化剂生产原料,但是这种贵金属的储量很少、价格昂贵,很难满足一个国家工业和科技发展的需求。为了更好地解决这一问题,研究人员致力于减少贵金属的用量,研究发现当贵金属减小到极限状态时,每个金属以单原子状态分散,可显著提升原子利用率[75]。这样不仅节约了贵金属的消耗量,还最大化地提升了催化剂活性,促使贵金属催化剂在工业实践中有更广阔的应用。更重要的是,研究发现单原子催化剂在一些反应中甚至比相应的纳米颗粒活性高出一个数量级,这可能是因为单原子拥有特殊的配位状态[76]。单原子催化剂具有极高的原子利用率和特殊的配位结构,为降低绿色还原二氧化碳提供了一个很好的机会[12,77-78]。

直接利用可持续的太阳能,通过光催化技术将CO_2还原为有用的燃料去解决碳排放和全球变暖问题是具有挑战性的[79-81]。将CO_2分子转化为具有附加值的碳氢化合物燃料已成为有效缓解温室效应和能源危机的一种有前途的方法[82]。在诸如热催化[83]、电催化[84]和光催化[85]的各种CO_2转化方法中,直接日光驱动的CO_2还原为燃料(例如CO、CH_3OH、CH_4)可以在相对温和的条件下进行,这引起了研究人员极大的兴趣[86]。CO_2光催化转化涉及多个质子耦合电子转移过程,可生成CO、CH_3OH、CH_4甚至高级烃类等一系列产物,并伴有H_2O向H_2的竞争性还原[87]。CO的生成只需要经过2电子转移,但是在CO_2还原中所需热力学能量较大[$CO_2+2H^++2e^-\longrightarrow CO+H_2O, E=-0.53$ V vs NHE,V vs NHE表示相对于真空能级的标准氢电极(NHE)电位]。因此,当电子转移较多时,更容易产生热力学上有利的CH_4($CO_2+8H^++8e^-\longrightarrow CH_4+2H_2O, E=-0.24$ V vs NHE)[88]。因此,开发高效的可再生太阳能光催化剂,降低反应热力学,控制C_1中间体的结合强度,使CO_2优先还原为CO,对科学研究和实际应用都具有重要意义[89]。

但是当金属粒子直径降低到极限状态时,表面积会随之增大,进而导致金属表面自由能增大[20],在材料加工制备及相应的化学反应中容易发生聚集形成更大的团簇以及表面扩散和Ostwald熟化等现象。为了解决单原子团聚和Ostwald熟化现象,我们发现非晶微纳米材料具有丰富的表面缺陷态,这种缺陷的存在,使得非晶结构表面具有更高电子浓度的金属原子,在催化、吸附等领域具有天然的优势;不饱和配位的局域环境同样有利于催化过程中对于反应物质的吸附；丰富的表面缺陷态同时赋予非晶材料表面额外正电荷，可以为富电子基团提供额外的静电吸附[33,90-91]。

另外，因为单斜氧化锆的配位几何形状(Zr 与 7 个 O 配位，它一方面被氧离子夹在四面体配位的一边，另一方面被氧离子夹在三角形配位的另一边)以及氧化锆本身具有的光活性，所以本章选取非晶氧化锆作为研究对象，阐明非晶材料是单原子负载的理想基底材料，揭示负载单原子后非晶氧化锆载体的催化活性发生改变，为 SACs 的可控设计提供研究基础。

2.2 实验

2.2.1 样品制备

本实验所用原料和试剂如表 2-1 所列均为分析纯(99%)，如八水氯氧化锆(北京麦克林化工厂)、聚乙烯吡咯烷酮(北京麦克林化工厂)、无水乙醇(北京麦克林化工厂)、氯铂酸(西陇国药化工)，本研究全程所用水均为自制去离子水。

表 2-1 实验原料和试剂

名称	化学式	纯度(>99%)	生产厂商
八水氯氧化锆	$ZrOCl_2 \cdot 8H_2O$	分析纯	北京麦克林化工厂
聚乙烯吡咯烷酮	PVP	分析纯	北京麦克林化工厂
无水乙醇	CH_3CH_2OH	分析纯	北京麦克林化工厂
去离子水	H_2O	分析纯	自制
氯铂酸	Cl_6H_2Pt	分析纯	西陇国药化工
硝基苯	$C_6H_5NO_2$	分析纯	西陇国药化工
十二烷	$C_{12}H_6$	分析纯	北京麦克林化工厂
异丙醇	C_3H_8O	分析纯	西陇国药化工

(1) 氧化锆纳米线前驱体的制备

利用超声辅助液相法来合成氧化锆纳米线前驱体,具体合成方法如下:室温下,将 0.7 g 聚乙烯吡咯烷酮(PVP)按 1∶59 的比例溶解在 60 mL 去离子水和乙醇的混合溶液中,超声分散 15 min。再加入 0.15 mmol 八水氯氧化锆,超声分散 30 min,得到白色浑浊溶液。在 30 ℃恒温下剧烈搅拌 2 h。通过 8 000 r/min 离心收集沉淀,用去离子水仔细清洗去除残留的盐。沉淀物在冷冻干燥机中冷冻干燥 48 h,得到白色粉末状氧化锆纳米线前驱体。制备流程如图 2-1 所示。

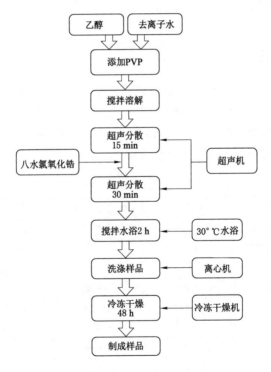

图 2-1 氧化锆纳米线前驱体制备流程图

第 2 章　非晶氧化锆及负载贵金属 Pt 单原子催化性能研究

(2) 非晶、晶态、非晶-晶态双相氧化锆纳米线的制备

将氧化锆纳米线前驱体放置于坩埚中，在马弗炉中进行热处理，氧化锆纳米线在不同的温度下煅烧可以发生晶型转变，在 200 ℃下保温 2 h 制备出非晶氧化锆纳米线（A-ZrO_2）、700 ℃下保温 2 h 制备出晶态氧化锆纳米线（C-ZrO_2）、分别在 400 ℃和 500 ℃下保温 2 h 制备出非晶-晶态双相的氧化锆微纳米线 [DP-ZrO_2(400 ℃)、DP-ZrO_2(500 ℃)]。非晶氧化锆纳米线制备过程如图 2-2 所示。

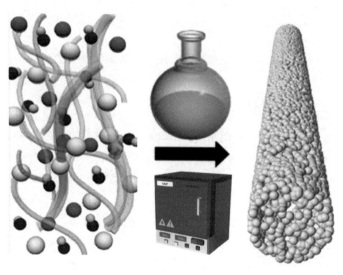

图 2-2　非晶氧化锆纳米线制备过程

(3) 非晶氧化锆纳米线负载 Pt 单原子的可控制备

将 A-ZrO_2 粉末分散到水溶液中，超声处理 10 min，搅拌 30 min，再次超声处理 10 min，获得 ZrO_2 水溶液（0.4 mg/mL）。取氧化锆量的 5% 的氯铂酸，浓度为 3.88×10^{-5} mol/mL，制得 5 mol/mL 滴入 A-ZrO_2 水溶液中，滴速为 1 滴控制在 3～4 s 内滴

落。搅拌 2 h,离心收集沉淀,在冻干机中冷冻干燥 48 h。得到的粉末在 200 ℃惰性气氛(5%H_2/95%N_2)下煅烧 2 h,得到非晶氧化锆纳米线负载 Pt 单原子,记作 Pt SA/A-ZrO_2。制备过程如图 2-3 所示。

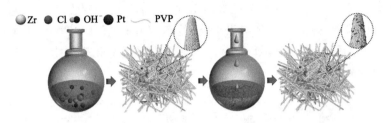

图 2-3 非晶氧化锆纳米线负载 Pt 单原子的制备过程

2.2.2 样品表征

在形貌表征中,采用 JSM-7500F 型电子扫描显微镜,扫描电压为 10 kV;在 300 kV 加速电压下,用 Titan G2 校正透射电镜(Corrected Titan G2 TEM)获得高分辨率透射电镜(HRTEM)图像。

在物相表征中,采用 XRD-6000 型衍射仪对样品的相结构进行表征。在 10°～80°(2θ)范围内,扫描速率为 0.03°/s,获得材料的成分,以及材料内部分子或原子的形态或结构等信息;价态表征采用 Thermo Scientific Escalab 250XI 仪器(单色 Al KR X 射线源)获得 X 射线光电子能谱(XPS),采用电感耦合等离子体原子发射光谱法测定各元素的精确含量,确定化合物元素的组成和元素的价态,测定元素周围其他元素、官能团等对核芯能级电子的影响;采用 Bruker 公司的 A300-10/12 型电子顺磁共振(EPR)检测分析材料中的氧空穴浓度;采用能量色散 X 射线能谱(EDS)对材料表面成分进行分析;采用 LabRAM HR800 对样品的配位情况进行拉曼光谱测试。X射线吸收近边结构谱（XANES）显示Pt SA/ZrO_2在Pt L3边吸收位置的特征；X射线吸收近边精细结构谱（XAFS）分析揭示了Pt原子中心在Pt SA/ZrO_2位置和空间配位环境上的局部掺杂；用岛津UV-2600型分光光度计记录样品的紫外可见（UV-Vis）漫反射光谱，分析样品对光谱吸收的性能和吸光能力；采用型号为1814097M的荧光光谱仪（PL）研究制备催化剂的电荷重组和分离行为。

2.2.3 电化学性能测试

在光催化测试中，使用标准三电极系统中的电化学分析仪（CHI660e Instruments），其中Pt片和Ag/AgCl（饱和Na_2SO_4）分别作为对电极和参比电极，进行电化学阻抗谱（EIS）和莫特肖特基（M-S）测试。所有应用电位转换为可逆氢电极（RHE）：$E(RHE)=E(Ag/AgCl)+0.6\ V$。

2.2.4 光催化剂性能测试

光催化二氧化碳还原是在封闭反应器中进行的。首先将0.02 g光催化剂超声分散，涂敷在石英片上。然后将CO_2气体通入密封容器内，用CO_2气体清洗三次。光源采用氙灯，功率为300 W，模拟太阳光。通过循环水进行冷凝，温度保持在20 ℃。光照后用气相色谱对产物（CO、CH_4）进行检测，计算获得相应催化剂的催化性能。

2.3 结论分析

2.3.1 晶态-非晶氧化锆纳米线

（1）晶态-非晶氧化锆纳米线的表征分析

非晶氧化锆纳米线前驱体采用超声辅助液相加热法制备,随后经不同温度处理获得四种氧化锆纳米线催化剂,如图 2-4 所示。从图 2-4(a)可以看出经 200 ℃热处理的 A-ZrO$_2$ 纳米线没有尖锐的衍射峰,以典型的"馒头峰"形式显现,证明非晶态氧化锆纳米线成功合成[41-43];经 700 ℃热处理得到的纳米线可以看到典型晶体氧化锆特征峰;经 400 ℃、500 ℃热处理后,特征晶面衍射强度降低,半峰宽有所增加,晶体化程度介于非晶态和晶态材料之间,表明该纳米线内部是非晶体和晶体的混合相。随着热处理温度的升高,衍射峰强度提升,晶体化程度增大,最终合成晶态氧化锆纳米线。

利用透射电子显微镜对不同热处理温度得到的氧化锆纳米线及前驱体进行微观结构对比分析[见图 2-4(b)~(f)]。通过观察氧化锆纳米线前驱体的高倍透射电子显微镜图[见图 2-4(b)],可以直观地看到前驱体纳米线内部结构呈不规则排布,没有明显特征方向的晶格条纹,表现为长程无序,从其对应的选区电子衍射也可以看出,前驱体纳米线呈现为明显晕状,表明其为典型的非晶态[35,43]。经 200 ℃热处理的 A-ZrO$_2$ 纳米线形貌结构,没有晶格条纹,原子呈无规则排列,其对应的选区电子衍射花样呈一系列弥散的同心圆[见图 2-4(c)],为典型的非晶结构,与 X 射线衍射(XRD)结果一致。经 400 ℃、500 ℃热处理的 DP-ZrO$_2$ 形貌结构[见图 2-4(d)、(e)]开始出现区域性不规则排布的晶格条纹,原子排列呈现近程有序、远程无序,内部增加了纳米晶粒,出现了局部的晶格条纹区,且晶粒随着热处理温度的升高而增大,表明此时氧化锆纳米线呈现晶态-非晶共混状态。

随热处理温度的升高,原子排列逐渐按规律形成,晶粒开始出现相互接触,非晶相越来越少,晶格条纹逐渐清晰地显现出来。对应的选区电子衍射花样,呈一系列弥散的同心圆,但衍射环的弥散程度与非晶态的氧化锆纳米线相比有所降低。随热处理温度的升

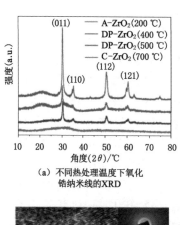
(a) 不同热处理温度下氧化锆纳米线的XRD

(b) 氧化锆纳米线前驱体的高倍透射电镜图片以及对应的选区电子衍射照片

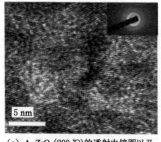
(c) A-ZrO₂(200 ℃)的透射电镜图以及对应的选区电子衍射图

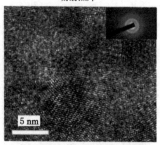
(d) DP-ZrO₂(400 ℃)的透射电镜图以及对应的选区电子衍射图

(e) DP-ZrO₂(500 ℃)的透射电镜图以及对应的选区电子衍射图

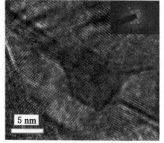
(f) C-ZrO₂(700 ℃)的透射电镜图以及对应的选区电子衍射图

图 2-4 氧化锆纳米线物相及微观结构

注：a.u.表示坐标的绝对数值没有意义，仅用于比较相对大小，为无量纲单位。

高,衍射环越来越明显,并出现衍射斑点,表明氧化锆纳米线内部晶体化程度逐渐增大,出现非晶-晶态共混的多晶态,与图 2-4(a)中的规律一致。经 700 ℃热处理的 C-ZrO_2 纳米线形貌结构如图 2-4(f)所示,可以看到很明显的晶格条纹,结晶程度较高,选区电子衍射花样为点状,规则分布的衍射圆盘为晶态氧化锆。

为研究不同热处理温度下氧化锆纳米线的元素价态的状态,进行 X-射线光电子能谱检测,以 C 1s 为 284.8 eV 作为内标以消除样品荷电对结合能的影响,得到如图 2-5 所示的 Zr 3d 高分辨 XPS 结合能谱。从图中可以看出不同热处理温度氧化锆的 Zr 3d 精细谱均呈现出典型的自旋轨道双峰,氧化锆中所有 Zr 原子都处于氧化状态,主要的是 Zr^{4+},未观察到 Zr^0 物种,证实不存在 Zr 纳米颗粒,氧化态的 Zr 粒子以高度分散的单原子形式存在,通过 Zr—O 键键连结合[92]。A-ZrO_2 图谱中结合能为 182.0 eV 和 184.4 eV 的峰分别归属于 Zr $3d_{5/2}$ 和 Zr $3d_{3/2}$[93]。对于 DP-ZrO_2(400 ℃),其电子态结合能分别为 182.2 eV 和 184.6 eV,对应于 $Zr^{4+}3d_{5/2}$ 和 $Zr^{4+}3d_{3/2}$,能隙仍为 2.4 eV。对于 DP-ZrO_2(500 ℃),其电子态结合能分别为 182.3 eV 和 184.7 eV,对应于 $Zr^{4+}3d_{5/2}$ 和 $Zr^{4+}3d_{3/2}$,能隙仍为 2.4 eV。C-ZrO_2 的电子态结合能分别为 182.4 eV 和 184.7 eV,对应于 $Zr^{4+}3d_{5/2}$ 和 $Zr^{4+}3d_{3/2}$,能隙降低到 2.3 eV。

对比分析可知,随着热处理温度的增加,结合能不断增大,能隙减小,Zr 3d 峰均向高结合能方向偏移,锆的价态没有变化。相对于晶体氧化锆,非晶氧化锆的电子结合能向低结合能方向偏移 0.4 eV,表明锆元素向还原态(电子增加)转变的趋势增强,有利于电子的转移。A-ZrO_2 中锆与氧原子之间的化学键比 C-ZrO_2 更具有离子键性[23]。A-ZrO_2 本身具有不饱和配位结构,电子分散程度高,易在缺陷处聚集,离子键增多,电子离域程度越大,键结合能降低,越有利于电子转移[94]。

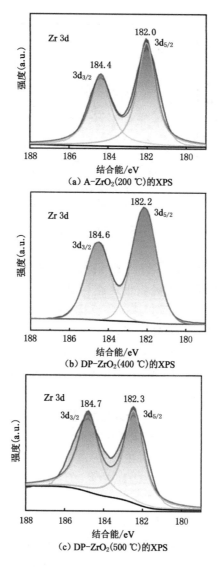

图 2-5 Zr 3d 高分辨 XPS 图谱

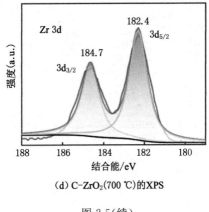

(d) C-ZrO$_2$(700 ℃)的XPS

图 2-5(续)

图 2-6(a)为不同样品以及 Zr 箔和 ZrO$_2$ 粉末标样归一化后的 Zr 元素 K 边的 X 射线吸收近边结构谱(XANES)。由图可知,A-ZrO$_2$ 和 C-ZrO$_2$ 样品均与 ZrO$_2$ 标样 Zr K 边的能量相近,证明 Zr 元素以氧化态形式存在。A-ZrO$_2$ 和 C-ZrO$_2$ 样品的 Zr K 吸收边的位置都向高结合能方向发生偏移,价态处于 0~+4 价之间,更接近于 +4 价。同时,A-ZrO$_2$ 和 C-ZrO$_2$ 样品的吸收峰也向高能区域移动,表明催化剂中的光子从低能级跃迁到高能级的能力增强,从而提升光子能量,易于光催化过程的实现。

通过 Zr 元素的 K 边扩展吸收精细结构(EXAFS)光谱的傅立叶变换可以看出,对于锆箔,在 2.81 Å 处出现最强的第一近邻配位峰对应于 Zr—Zr 配位。对于 ZrO$_2$,在 1.56 Å 附近出现第一近邻配位峰对应于 Zr—O 配位。A-ZrO$_2$ 在约 1.65 Å 处的配位峰对应于 Zr—O 配位峰,与 ZrO$_2$ 对比可知,样品的径向分布峰强度明显弱于 ZrO$_2$ 标样,说明配位未达到饱和状态,有利于提供反应的自由电子。而对于 C-ZrO$_2$,在 1.52 Å 处的配位峰对应于 Zr—O 配位峰,在 3.3 Å 处检测到的配位峰对应于 Zr—Zr 配位峰,这与

第2章 非晶氧化锆及负载贵金属Pt单原子催化性能研究

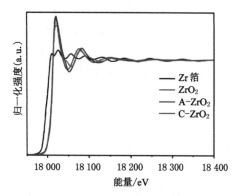

(a) A-ZrO$_2$、C-ZrO$_2$、ZrO$_2$和Zr箔的Zr K边 X射线吸收近边结构谱

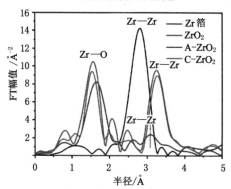

(b) A-ZrO$_2$、C-ZrO$_2$、ZrO$_2$和Zr箔的Zr K边傅立叶变换的扩展边X射线吸收精细结构谱

图 2-6 X射线吸收谱

ZrO$_2$标样测试结果十分相近,证实了C-ZrO$_2$晶体结构为配位饱和[95]。其变化趋势与第一性原理计算中完整(0001)晶面Zr—Zr键长值3.24 Å相符[96]。

A-ZrO$_2$在3.3 Å附近也出现了Zr—Zr配位,但强度明显低于C-ZrO$_2$。A-ZrO$_2$的Zr—O键距离和配位数分别为2.19 Å和

(3.4 ± 0.7)Å，分别比 C-ZrO_2 和 ZrO_2 的键距离更长，同时配位数也更低。这说明 A-ZrO_2 的配位环境发生了变化，存在氧空位[97]，表面电子活性增强，原子之间束缚能力下降，有效配位数也随之下降。这是通过牺牲催化剂的稳定性得到的，这也表明 C-ZrO_2 拥有更高的配位数及对称性，结构更为稳定[98]。

A-ZrO_2 和标样的 Zr K 边 EXAFS 拟合结果见表 2-2。

表 2-2　A-ZrO_2 和标样的 Zr K 边 EXAFS 拟合结果

样品	配位元素	配位数(CN)	键长/Å	无序度/($10^{-3}\times$Å^2)	ΔE_0/eV	R 因素
Zr 箔	Zr	12	3.19 ± 0.03	7.8 ± 0.4	-7.7	0.004
A-ZrO_2	Zr—O	3.4 ± 0.7	2.19 ± 0.02	10.0 ± 0.4	8.4	0.009
C-ZrO_2	Zr—O	3.8 ± 0.8	2.08 ± 0.02	7.5 ± 1.0	5.3	0.004
ZrO_2	Zr—O	4	2.10 ± 0.01	6.5 ± 1.0	7.3	0.005

非晶、晶体氧化锆纳米线晶体结构变化可从图 2-7 中看出，电子顺磁共振(EPR)图谱的线型为洛伦兹型，A-ZrO_2 在 g 值为~2.003 处出现锐边信号[99]，信号强度明显高于 C-ZrO_2，说明 A-ZrO_2 具有更多的氧空位。氧空位的存在有利于铂单原子的负载和光催化过程。随着热处理温度的增加，晶体含量增加，EPR 峰强度降低，半峰宽减小，氧空位数量缩减，从而导致催化剂的孤电子对复合程度作用增加。200 ℃ 煅烧后的 A-ZrO_2 的 EPR 峰强度是最高的，而 700 ℃ 煅烧后的 EPR 峰强度是最低的。这再次证明非晶和晶体氧化锆在氧空位上存在很大的差别。

（2）氧化锆纳米线的光催化性能分析

在模拟太阳光照射条件下，利用自制的催化体系，研究不同煅烧温度下氧化锆纳米线的光催化性能。当二氧化碳注入催化体系中，A-ZrO_2、DP-ZrO_2(400 ℃)、DP-ZrO_2(500 ℃)和 C-ZrO_2 的光催化还原二氧化碳的效率分别为 12.86 μmol/(g•h)、8.17 μmol/(g•h)、

第 2 章　非晶氧化锆及负载贵金属 Pt 单原子催化性能研究

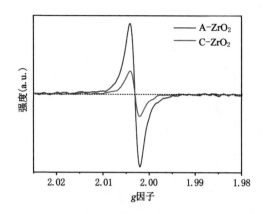

图 2-7　A-ZrO_2 和 C-ZrO_2 的电子顺磁共振图谱

6.59 μmol/(g·h)和 6.02 μmol/(g·h)(见图 2-8),A-ZrO_2 光催化二氧化碳还原性能最好,是 C-ZrO_2 对于二氧化碳还原反应效率的 2 倍。这是因为 A-ZrO_2 的无序结构中具有丰富的氧空位缺陷,诱发催化剂表面出现良好的配位活性位点,并降低反应所需吉布斯自由能,更加有利于二氧化碳的催化还原[73]。

图 2-8(b)为 A-ZrO_2 的光催化还原 CO_2 循环测试中 CO 产生速率,经过 4 次循环实验后,A-ZrO_2 光催化还原速率没有明显降低,具有持久的稳定性。通过气相色谱仪检测 A-ZrO_2、DP-ZrO_2(400 ℃)、DP-ZrO_2(500 ℃)和 C-ZrO_2 的催化选择性分别为 96.5%、95.0%、94.9% 和 94.8%[见图 2-8(c)],A-ZrO_2 的催化选择性最高。说明非晶氧化锆中的 Zr 元素和 O 元素各自都有稳定的配位形式,表面特殊的配位环境能够有效捕获反应中间体,激发 CO_2 反应活性[100]。图 2-8(d)为 A-ZrO_2、DP-ZrO_2(400 ℃)、DP-ZrO_2(500 ℃)和 C-ZrO_2 光催化还原 CO_2 4 h 后 CO 的产量,分别为 35 μmol/g、31 μmol/g、23 μmol/g、22 μmol/g,表明 A-ZrO_2 在光催化还原 CO_2 方面具有较高的选择性。虽然 A-ZrO_2 是牺牲

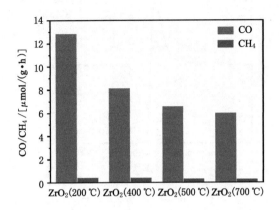

(a) 不同温度下氧化锆纳米线的光催化性能

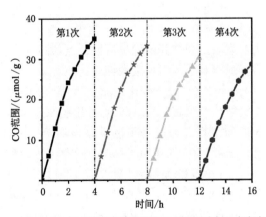

(b) A-ZrO$_2$(200 ℃)的光催化还原CO$_2$循环测试中CO产生速率

图 2-8　光催化性能图

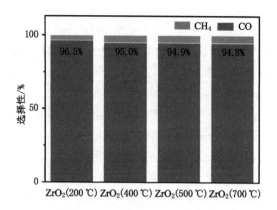

(c) 不同温度下氧化锆纳米线的光催化效率的选择性

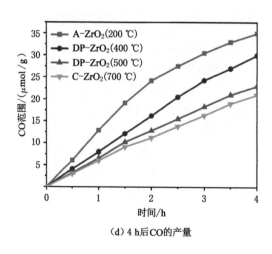

(d) 4 h后CO的产量

图 2-8(续)

了一定的结构稳定性才获得良好的表面电子活性,但是经过催化测试发现稳定性依旧十分优异,证实 A-ZrO$_2$ 是可以可控合成并有应用的可行性。

此部分工作采用超声辅助液相合成的方式构建出非晶、晶态、非晶-晶态双相氧化锆纳米线。通过 XRD、XPS、XAFS 和 EPR 等结构判别手段对各类合成氧化锆进行原子结构的表征。结果证实非晶氧化锆可控制备效果良好,其表面不饱和配位结构以及氧空位的出现改善了催化剂表面的电子-空穴迁移能力,更容易在太阳光作用下激发成自由载流子,可以高效地促进光催化反应发生。同时,稳定的、高活性的非晶氧化锆也是单原子催化剂的有效载体,它不仅可以良好的吸附单原子,也可作为助催化剂与单原子发挥协同作用提升光催化能力。这为探究单原子 Pt 负载非晶氧化锆所形成的单原子催化剂的稳定性、配体结构及催化活性奠定了基础。

2.3.2 非晶氧化锆纳米线负载 Pt 单原子

(1) 非晶氧化锆纳米线负载 Pt 单原子的表征分析

为实现非晶氧化锆纳米线负载 Pt 单原子(简称为 Pt SA@ZrO$_2$),将 3.88×10^{-5} mol/mL 的 HPtCl$_4$ 水溶液缓慢加入 0.4 mg/mL 的含 A-ZrO$_2$ 溶液中。通过扫描电子显微镜对其负载后的形貌进行观察,A-ZrO$_2$ 纳米线在负载 Pt 单原子前后的形貌未发生改变[直径仍为 100~200 nm,长度为 10~20 μm,见图 2-9(a)]。

前面工作已证明非晶氧化锆纳米线具有超高的纵横比、较少的晶格边界与缺陷较多等表面结构特点,进一步证明能够为 Pt 单原子提供有效负载。通过 HRTEM 图像[见图 2-9(b)、(c)]和选取电子衍射图[见图 2-9(d)]观察,负载 Pt 单原子的 A-ZrO$_2$ 的形貌保持不变,未观察到明显的晶格条纹。Pt SA/ZrO$_2$ 的能谱元素映射如图 2-9(e)所示,Pt、O、Zr 元素在 Pt SA/ZrO$_2$ 中分布均匀。通过球差校正透射电子显微镜(ACTEM)研究了 Pt SA/ZrO$_2$ 的

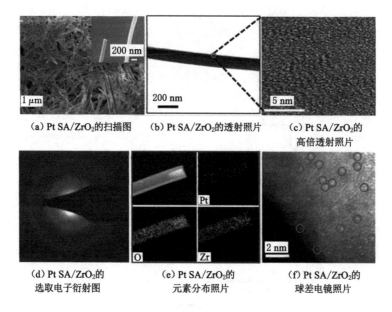

图 2-9 形貌物相表征图

原子结构[见图 2-9(f)]，在 A-ZrO$_2$ 纳米线的表面观察到小于 1 nm 的单个 Pt 原子亮点，未看到聚集的 Pt 纳米颗粒，Pt 原子良好的分散在 A-ZrO$_2$ 催化剂载体表面。同时，通过 ICP 光谱仪检测 Pt SA/ZrO$_2$ 的 Pt 含量为 1.97%（表 2-3），体现 A-ZrO$_2$ 具有优良的 Pt SAs 负载能力。

表 2-3 Pt SA/ZrO$_2$ 的 ICP 光谱

试样	Pt 元素含量/%
Pt SA/ZrO$_2$	1.972 5

为了详细表征 Pt SA/ZrO$_2$ 单原子催化剂的原子结构信息，运用吸收边 X 射线近边结构吸收谱(XANES)和扩展边 X 射线精细结

构吸收谱(EXAFS)对试样进行分析。图 2-10(a) 为 Pt 箔、PtO_2 和 Pt SA/ZrO_2 归一化后的 Pt 的 L_3 边的 XANES 曲线,Pt SA/ZrO_2 的 L_3 吸收边的位置都向高结合能方向发生偏移,且 Pt SA/ZrO_2 的白线峰强度位于 Pt 箔和 PtO_2 之间,价态处于 0~+4 价之间。因此样品氧化态高低依次为 Pt 箔< Pt SA/ZrO_2 <PtO_2。

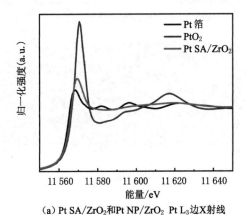

(a) Pt SA/ZrO_2和Pt NP/ZrO_2 Pt L_3边X射线吸收近边结构谱

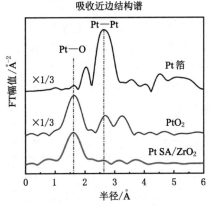

(b) Pt SA/ZrO_2和Pt NP/ZrO_2的Pt L_3边傅立叶变换的扩展边X射线吸收精细结构谱

图 2-10　单原子催化剂的 X 射线吸收谱

第 2 章　非晶氧化锆及负载贵金属 Pt 单原子催化性能研究

为判断 Pt SA/ZrO_2 和 Pt NP/ZrO_2 样品中 Pt 的配位信息，进行了 EXAFS 谱的 R 空间傅立叶变换。如图 2-10（b）所示，Pt SA/ZrO_2 样品在 1.58 Å 为中心的强峰归因于 Pt—O 配位的散射，与 Pt 箔和 PtO_2 相比，Pt SA/ZrO_2 样品中没有 Pt—Pt 配位产生的散射峰，表明 Pt 以单原子形式存在，在 Pt SA/ZrO_2 样品的表面为原子级分散。EXAFS 拟合结果（表 2-4）表明，Pt SA/ZrO_2 与 PtO_2 具有相似的 Pt—O 键长（2.02 Å），但配位数（3.4±0.7）较低，这也表明 Pt 单原子良好地锚定于非晶载体表面，呈现配位环境不饱和这一现象。

表 2-4　Pt SA/ZrO_2 的 L_3 边 EXAFS 拟合结果（$S_0^2=0.8$）

样品	配位元素	配位数（CN）	键长/Å	无序度/($10^{-3}×Å^2$)	ΔE_0/eV	R 因素
Pt 箔	Pt—Pt	12	2.76±0.03	4.3±0.4	5.2	0.002
PtO_2	Pt—O	6	2.02±0.02	3.0±0.4	9.5	0.006
Pt SA/ZrO_2	Pt—O	3.4±0.7	2.01±0.02	7.5±1.0	15.2	0.004

Pt 已经以单原子形式在载体表面成功形成，但是 A-ZrO_2 在此是否依旧保持有效的配位形态和稳定结构仍需被证明。观察 Zr 箔、Pt SA/ZrO_2 和 $ZrOCl_2$ 的归一化 XANES 谱［见图 2-11（a）］，可以看出 Pt SA/ZrO_2 中的 Zr 原子处于氧化态，Zr 化合价多数以 Zr^{4+} 的形式存在。此外，Pt SA/ZrO_2 的 Zr 比 Zr 箔的吸收边能量更高，也可以说明 Zr 元素活性较强。通过 Pt SA/ZrO_2［见图 2-11（b）］的 R 空间对 Zr 的邻近原子进行了研究，总高峰分布在～1.58 Å，与 $ZrOCl_2$ 的峰对比发现，Zr—O 键依旧为 Pt SA/ZrO_2 中主要的键合形式，说明 Pt 单原子负载后，没有破坏原有 A-ZrO_2 的基础结构。对比 Zr 箔可以看出 Pt SA/ZrO_2 中 Zr 还存在少量 Zr—Zr 键配合，表明催化剂表面的少量 Zr 在 O 空位处出现键连，这也是

非晶材料的特性,因此 Pt SA/ZrO$_2$ 已经被成功合成,并且也能够改善催化剂表面的电子结构、促进载流子分离,进而增加活性位点[101]。

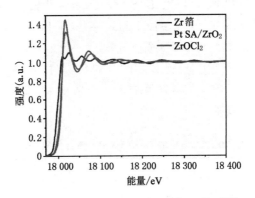

(a) Pt SA/ZrO$_2$、ZrOCl$_2$ 和 Zr 箔的 Zr K 边 X 射线吸收近边结构谱

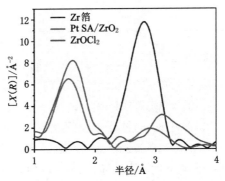

(b) Pt SA/ZrO$_2$ 的 Zr K 边傅立叶变换的扩展边 X 射线吸收精细结构谱

图 2-11　X 射线吸收谱

随后,采用 X 射线光电子能谱技术对 Pt SA/ZrO$_2$ 的表面原子状态进行分析,如图 2-12 所示,在 Pt 4f 的谱图上,Pt SA/ZrO$_2$ 中表面 Pt 原子的 4f$_{7/2}$ 轨道的结合能为 72.3 eV,高于单质 Pt^0 样品的结合能(71.6 eV)且低于 PtO 的结合能(73.0 eV)和 PtO$_2$ 的结合能(74.6 eV),表明 Pt 原子处于低配位电子态,但未达到＋4 价[22,102],也可以说明 Pt 单原子在催化剂表面形成不饱和配位结构,因此配位数相较于 PtO$_2$ 要少,与 X 射线近边吸收谱结论一致。

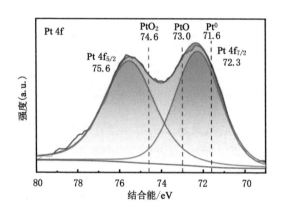

图 2-12 Pt SA/ZrO$_2$ 的高分辨 Pt 4f X 射线光电子能谱

使用拉曼光谱进一步分析 Pt SA/ZrO$_2$ 的结构,研究 Pt 与载体之间的结构和电子信息,如图 2-13 所示。A-ZrO$_2$ 有四个特征峰分别位于 223 cm^{-1},347 cm^{-1},475 cm^{-1} 和 640 cm^{-1},这与前人研究相一致[103],在其表面负载 Pt 原子后,Pt SA/ZrO$_2$ 的特征拉曼峰发生微量位移,表明 Pt 原子嵌入 A-ZrO$_2$ 载体中,形成 Pt—O 键[104],说明铂单原子在非晶态缺陷部位被氧原子锚定。

(2)非晶氧化锆纳米线负载单原子 Pt 的光催化性能分析

为排除合成原料 PVP 残余进而对催化剂的反应活性产生影

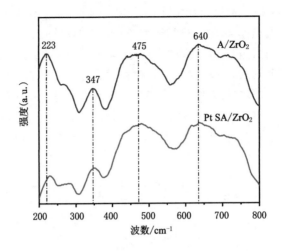

图 2-13　Pt SA/ZrO$_2$ 和 A-ZrO$_2$ 的拉曼光谱

响,对非晶氧化锆负载单原子铂的样品进行傅立叶变换红外光谱测定,结果如图 2-14 所示。PVP 图谱中的 1 676 cm^{-1} 特征峰对应于—C═O 的伸缩震动吸收峰,2 873 cm^{-1} 特征峰对应于 C—H 伸缩震动吸收峰,3 469 cm^{-1} 特征峰对应于—OH 伸缩震动吸收峰。而 Pt SA/ZrO$_2$ 图谱中 526 cm^{-1} 和 495 cm^{-1} 处出现的特征峰均对应的是 Zr—O—Zr 的特征峰[105-106],排除了 PVP 的存在可能会对催化结果产生的影响。

通过对 Pt SA/A-ZrO$_2$ 的光催化 CO$_2$ 还原性能的研究,验证模拟太阳光下光电子转移的有效性,并将 C-ZrO$_2$ 作为对应物,以突出非晶态载体在光催化体系中的应用优势。结果表明,A-ZrO$_2$ 的光催化效率[12.86 μmol/(g·h)]远高于 C-ZrO$_2$[6.02 μmol/(g·h)];如图 2-15(a)所示,这可以归因于非晶态相的固有特征,如其适当的能带结构和丰富的反应位点。对于 Pt SA@A-ZrO$_2$ 单原子催化剂,CO$_2$ 光催化还原 CO 的反应速率高达 16.61 μmol/(g·h)。

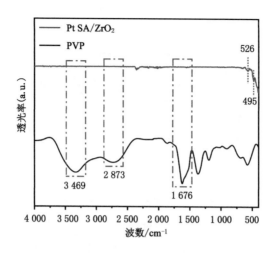

图 2-14　Pt SA/ZrO$_2$ 的傅立叶变换红外光谱图

与 ZrO$_2$ 基 CO$_2$ 还原光催化剂的情况相比,这一还原速率是十分优异的(见表 2-5),体现我们设计的单原子催化剂能够有效实现光催化。

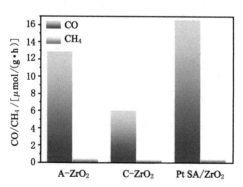

(a) 可见光照射下 A-ZrO$_2$、C-ZrO$_2$ 和 Pt SA/ZrO$_2$ 上 CO$_2$ 还原的光催化产物

图 2-15　光催化性能图

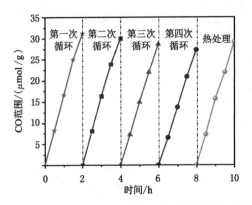

(b) 可见光照射下 Pt SA/ZrO$_2$ 上 CO 生产的光催化稳定性的四次循环实验和真空干燥活性恢复过程

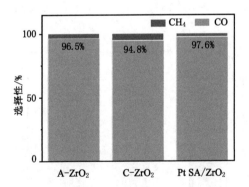

(c) A-ZrO$_2$、C-ZrO$_2$ 和 Pt SA/ZrO$_2$ 对 CO 和 CH$_4$ 的选择性

图 2-15(续)

第 2 章 非晶氧化锆及负载贵金属 Pt 单原子催化性能研究

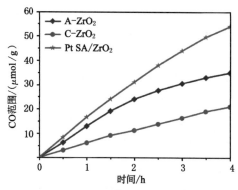

(d) 可见光照射下 A-ZrO_2、C-ZrO_2 和 Pt SA/ZrO_2 上 CO 生成的光催化过程

图 2-15(续)

表 2-5 ZrO_2 基催化剂 CO_2 还原的光催化性能

光催化剂	反应介质	催化系统	光源	主要产物	最大速度	参考来源
Pt SA/ZrO_2	H_2O	气相	300W Xe lamp	CO	16.61 μmol/(g·h)	本工作
ZrO_2	H_2 和 H_2O	气相	4×15W near-UV lamp	CO	0.51 μmol/(g·h)	文献[107]
ZrO_2	H_2	气相	500W Hg lamp	CO	5 μmol/(g·h)	文献[108]
Ag-ZrO_2	H_2	气相	500W Xe lamp	CO	0.66 μmol/(g·h)	文献[109]
Ni/SA-ZrO_2	H_2O	气相	300W Xe lamp	CO	11.8 μmol/(g·h)	文献[110]
$Ce_{1-x}Zr_xO_2$	0.016M Na_2SO_3	液相	300W Xe lamp	CO	≈1.33 μmol/(g·h)	文献[111]

表 2-5(续)

光催化剂	反应介质	催化系统	光源	主要产物	最大速度	参考来源
TiO_2-ZrO_2	NaOH	液相	UV 8W Hg lamp	CO	$\approx 0.75\ \mu mol/(g \cdot h)$	文献[112]
Au/NP-ZrO_2	H_2O, $CH_{15}NO_3$	液相	300W Xe lamp	CO	$25.6\ \mu mol/(g \cdot h)$	文献[113]

为了考察 Pt SA/ZrO_2 的稳定性,进行了四次循环实验,光催化还原率仅略有降低(4.83 $\mu mol/g$)[见图 2-15(b)]。这可能是因为在催化过程中有少量的活性氧空位被占用,有少量反应中间体填充催化剂氧空位[114-115]。研究发现通过简单的真空干燥可以恢复活性[116],表明被占据的氧空位是通过分子间作用力结合的,未与基体形成稳定的化学键合作用。同时,构建表面氧空位作为稳定位点可以防止孤立金属原子的脱附和聚集(见图 2-16),因此,Pt SA/ZrO_2 在进行光催化 CO_2 还原的过程中可以有效进行动态重组,这种优异的表面电子动态调整策略能够促进激子的解离和电荷的分离,是提升催化能力与稳定性的有效方法[117-118]。

经过光催化测试后,Pt SA/ZrO_2 纳米线表面仍然可以观察到小于 1 nm 的个别分散亮点,其为单原子 Pt 分散在纳米线表面(见图 2-16)。另一方面,Pt SA/ZrO_2 表现出 97.6% 的催化选择性[见图 2-15(c)],表明 SA 负载对催化选择性有正向影响。CO 产率 4 h 内持续增加,达到 54.0 $\mu mol/g$[见图 2-15(d)],明显高于未进行单原子负载的 A-ZrO_2。上述结果表明,非晶态载体与 Pt 单原子的协同效应有利于提高 CO_2 的光催化还原。

由于选择性是进一步应用的一个重要标准,在光催化 CO_2 还原体系中,容易发生主反应的竞争反应——析氢反应,因此通过循环反应测定反应选择性十分必要[119]。多次循环实验证明催化选

(a) Pt SA/ZrO₂的透射电镜照片　　(b) Pt SA/ZrO₂的球差电镜照片

图 2-16　光催化测试后 Pt SA/ZrO$_2$ 的透射图像

择性没有随着循环次数的增加而改变(见图 2-17)。这表明 Pt SA/ZrO$_2$ 可以较好地避免析氢反应的发生,在本次实验的催化体系中可忽略氢气的影响,抑制副产物的出现。这些结果应该源于催化剂的特殊原子配位结构以及良好的气固反应界面。

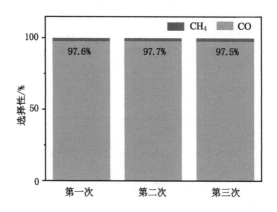

图 2-17　Pt SA/ZrO$_2$ 循环选择性实验

为解释 Pt SA/ZrO_2 的高光催化转化效率和 CO 产物选择性，需要考虑三个主要过程：光吸收、光生载流子迁移和表面 CO_2 转化[120]。首先，利用漫反射光谱对 A-ZrO_2、C-ZrO_2 和 Pt SA/ZrO_2 的光吸收能力进行评价。与 C-ZrO_2 相比，A-ZrO_2 表面引入氧空位可以提高光的利用率[121]。特别是 Pt SA/ZrO_2 的光吸收能力在引入 Pt 单原子后进一步增强。它在整个测试波段表现出明显的拖尾现象[120]，这涉及从 O 2p 到 Pt 4f 的转变和中间产物的能级调整[见图 2-18(a)][110]。这是由于光激发下贵金属单原子加载在半导体光催化剂表面时，就会发生 LSPR 效应，诱导不均匀磁场、高能载流子及光热效应的产生，增强了入射光的吸收和散射，增加了催化剂附近的电磁强度，有效地调节了表面电子状态，可以促进活性位点增多、反应速率增强。刺激催化剂的活性位点，更有利于催化反应。此外，Pt SA/ZrO_2 的带隙在吸收曲线图测出为 4.71 eV[见图 2-18(b)]，低于 C-ZrO_2(5.20 eV)和 A-ZrO_2(4.92 eV) 的带隙，更窄的带隙有利于光生载流子的激发，进而使光催化活性得到提高。

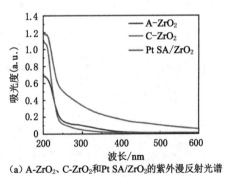

(a) A-ZrO_2、C-ZrO_2和Pt SA/ZrO_2的紫外漫反射光谱

图 2-18 光催化剂光学谱图

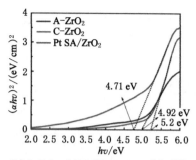

(b) A-ZrO$_2$、C-ZrO$_2$和Pt SA/ZrO$_2$的陶克图

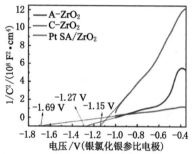

(c) A-ZrO$_2$、C-ZrO$_2$和Pt SA/ZrO$_2$的莫特-肖特基曲线

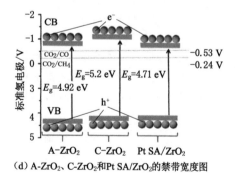

(d) A-ZrO$_2$、C-ZrO$_2$和Pt SA/ZrO$_2$的禁带宽度图

图 2-18(续)

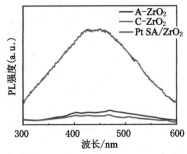

(e) A-ZrO$_2$、C-ZrO$_2$和Pt SA/ZrO$_2$的光致发光光谱

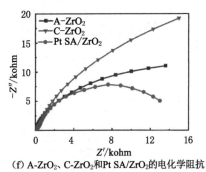

(f) A-ZrO$_2$、C-ZrO$_2$和Pt SA/ZrO$_2$的电化学阻抗

图 2-18(续)

此外,利用莫特-肖特基(Motte-Schottky)曲线[见图 2-18(c)][122]计算 A-ZrO$_2$、C-ZrO$_2$ 和 Pt SA/ZrO$_2$ 的平带电位(F_b)。从图中可以看出,F_b 随催化剂结构的不同而变化,对负载金属单原子 Pt 后的能级结构也有影响。因此,Pt SA/ZrO$_2$ 的 F_b 向前移动(与 A-ZrO$_2$ 相比,−1.27 V 到−1.15 V)。这种正 F_b 位移表明,负载 Pt 单原子后光催化剂的导电性有所提升,降低了光催化过电位[121]。一般来说,N 型半导体的 F_b 接近导带(CB,小于约 0.1 V)[123],可由电子有效质量和载流子浓度控制。A-ZrO$_2$、C-ZrO$_2$ 和 Pt SA/ZrO$_2$ 的导带带边位置(CBM)分别为−0.67 V、−1.09 V 和−0.55 V

[标准氢电极($E_{(NHE)}$)下,$E_{(NHE)} = E_{(Ag/AgCl)} + 0.6\ V$]。各样品的带边位置以及部分反应的氧化还原电位如图 2-18(d)所示。与 A-ZrO_2 相比,Pt SA/ZrO_2 的 CBM 降低,但仍能满足 CO_2/CO(−0.53 V)和 CO_2/CH_4(−0.24 V)[124]还原反应的热力学要求。从图 2-15 中的光催化性能来看,Pt SA/ZrO_2 的 CBM 降低并没有对催化效率产生负面影响,说明其出色的 CO_2 还原性能与 Pt 单原子的引入有关,而与这些材料的 CBM 无关。这是由于贵金属 Pt 负载到金属氧化物表面,发生局域表面等离子共振(LSPR)效应,增强了对入射光的吸收和散射,进而提升催化剂附近的电磁强度,有效地调节表面电子状态,促进催化剂表面电子传输性能,提升光催化能力[125]。

通过光致发光光谱(PL)测试研究了光生电子(e^-)—空穴(h^+)对的分离效率,以了解 Pt 单原子在电子转移过程中的潜在作用[见图 2-18(e)]。光致发光的峰越强,离开导带并与空穴发生复合的电子越多,说明电子和空穴的复合率越高。研究发现 A-ZrO_2 的发光强度低于 C-ZrO_2,引入单原子 Pt 后,Pt SA/ZrO_2 的 PL 强度降低,说明缺陷位点和单原子的存在会显著降低光生 e^-—h^+ 对的复合程度[126-127]。基于这些结果,可以假设 Pt 单原子在非晶载体和反应物之间形成了桥梁,促进了光生 e^- 的转移。

通过三种样品的电化学阻抗谱(EIS)可以看出,Pt SA/ZrO_2 的电荷转移电阻低于 C-ZrO_2 和 A-ZrO_2,具有最小的电荷转移电阻。这表明 Pt 单原子的引入可以有效促进电子的传输[见图 2-18(f)][128]。光生 e^-—h^+ 对和载流子的有效传输有利于催化反应,导致 Pt SA/ZrO_2 的 CO_2 还原光催化活性优于 C-ZrO_2 和 A-ZrO_2。综上所述,A-ZrO_2 负载 Pt 单原子光催化 CO_2 化还原机理如图 2-19 所示[84]。其描述了光还原过程中 CO_2 吸附和活化过程中特定的电子迁移路径和反应中间体的结构。CO_2 的还原机理由活性部位的 CO_2 吸附、光激发载流子和 CO 解吸组成[116,129-130]。A-ZrO_2 载体的高亲和力和丰富的氧空位使其吸附了大量的 CO_2，为光催化还原过程提供必要的反应物[128]。

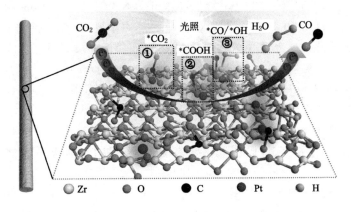

图 2-19　光催化 CO_2 化还原机理图

当 CO_2 被光催化剂的氧空位吸附后，立即发生 $CO_2 + ^*_{(V_O)} \longrightarrow {}^*CO_2$ 反应，这是 CO_2 活化过程。然后，在 300 W 氙灯的照射下，Pt SA/ZrO_2 促进水的分解形成光生质子（H^+），发生 $^*CO_2 + H^+ + e^- \longrightarrow {}^*COOH$ 反应，形成这一中间产物。在此过程中，A-ZrO_2 载体提供了丰富的光生电子，Pt 单原子的高比表面积和高活性极大地提高了 Pt—O—Zr 电荷桥的催化效率。光生电子 e^- 触发 $^*COOH$ 转化为 $^*CO$（$^*COOH \longrightarrow {}^*CO + {}^*OH$），并且确保 CO 的解吸形成最终产物。因此，证明了非晶载体与单原子的协同效应可以提高 CO_2 的转化效率。

2.4　小结

本章主要以非晶二氧化锆为研究目标，首先制备了不同晶相（非晶相、晶相和不同比例晶态-非晶态混合相）的氧化锆纳米线；

第2章 非晶氧化锆及负载贵金属Pt单原子催化性能研究

然后通过XRD、XPS、XAFS、Raman和EPR等测试方法对样品进行原子结构和表面催化活性的测试,探究了其光催化二氧化碳还原的性能,明确了非晶氧化锆的优势;最后对非晶氧化锆的表面进行Pt单原子构筑,探究了非晶载体单原子催化剂在光催化方面的转化优势。

① 通过简单温和的超声辅助法可控制备了分散良好的氧化锆纳米线,经过水解反应得到直径为100～200 nm、长度为10～20 μm的非晶氧化锆纳米线前驱体,随后调整不同的热处理温度,成功制备纯非晶态氧化锆纳米线、晶态氧化锆纳米线以及非晶-晶态双相氧化锆纳米线。不同的热处理温度展示出不同的晶化程度,对应的缺陷和结构环境也有所不同,因此认为非晶材料拥有丰富的氧空位和缺陷,这种不饱和配位结构可以有效激发催化剂表面光生载流子的发生。研究表明非晶氧化锆的光催化还原二氧化碳的性能相比于晶态及共混相氧化锆具备更为优异的催化能力,其效率为12.86 μmol/(g·h),选择性高达96.5%,这突出了非晶在光催化二氧化碳还原上的优势。

② 验证了Pt元素以单原子形式锚定在非晶氧化锆表面,EPR显示非晶氧化锆纳米线拥有丰富的氧空位和缺陷,可以很好地为单原子的负载提供位点,负载后的单原子通过Pt—O进行配位,具有稳定的反应环境。单原子催化剂在减少贵金属用量的情况下,展示出优异的光催化二氧化碳还原性能,使其转化效率达到16.61 μmol/(g·h),选择性高达97.6%,同时表现出持久的稳定性。

此研究表明非晶同样具备优异的催化活性,在其表面负载单原子可发生协同催化作用,具有降低成本、可提高活性和反应转化率的优势,这是对单原子催化剂的载体体系构筑的有效扩展。

第 3 章 $ZrO_2/g-C_3N_4$ 异质结构负载贵金属 Rh 单原子催化剂的理论研究

3.1 研究背景

节能和绿色能源是材料科学、化学工程和环境能源工程等领域的前沿科学问题[131]。氢能作为未来的重要清洁能源之一,已成为当前研究的核心之一。由于二维材料作为载体的单原子催化剂能够提高比表面积、增强催化活性和稳定性以及延长使用寿命,因此在催化领域受到广泛关注[132-133]。研究人员基于二维 MoS_2 限域的铑(Rh)单原子 HER 催化剂[134],合成了 Rh 单原子之间距离不同的二维材料,并详细研究了 Rh 单原子间距对 $Rh-MoS_2$ 的 HER 活性的影响,通过理论计算得到了最佳的 Rh 单原子嵌入构型。

单原子有效分散在载体材料上的问题一直是现代催化领域的科学前沿问题。为了避免 Ostwald 成熟和原子团聚现象,低维材料通常依靠高表面能进行稳定吸附,如碳基材料、金属氧化物、过渡金属硫化物等[135-136]。限域效应使二维材料具有与块状材料完全不同的性质,包括能带结构、电子和光学性质。通常情况下,随着材料减薄,二维材料的禁带宽度(E_g)增大,导带底(CBM)上移,价带顶(VBM)下移[137]。因此,通过调节材料的尺寸和维度,对其二维结构的电子结构和光吸收特性进行分析,探究其在光催化析氢中的效果具有很高的研究价值。

将单一组分组装成异质结构材料在光催化和电催化方面具有显著的效果,范德瓦耳斯异质结构使得电荷迁移至表面的距离缩短,同时保证了两组分之间的最大接触面积,有助于促进界面电荷转移[138]。Wang 等[139]设计了 CuS-ZrO_2 异质结构材料,其在紫外光范围内具有很高的吸收强度,因此在光催化领域具有应用前景。Gu 等[140]通过界面组装方法制备了 TiO_2/g-C_3N_4 的第二类异质结构的光催化剂,在紫外可见光照射下,g-C_3N_4 和 TiO_2 都可以被高于其带隙的光子能量激发。由于具有独特的超薄材料面对面接触特征,光诱导电荷载流子在 g-C_3N_4 和 TiO_2 之间的距离很短,导致光催化析氢速率为 18 200 μmol/(g·h)。Zhong 等[141]制备了一种 g-C_3N_4/TiO_2 复合材料,其在可见光驱动下光催化析氢效果增强。然而,这种异质结构仍存在许多科学问题需要解决。例如,有效的异质结构材料的构成组分是否有评判标准,电子-空穴的超快载流子动力学如何表征,这些问题都将影响该体系在光催化、光存储和光电器件等方面的发展。

非晶微纳米材料的拓扑结构赋予其表面金属原子更高的局域电子密度和更充分的不饱和配位环境,使其在电催化分解反应方面表现出色。相较于晶体材料甚至商业 Pt,非晶材料具有更好的吸附活性、催化活性和稳定性[142-143]。例如,Xu 等[144]制备的非晶态 Al/Al_2O_3 在醛基加氢反应中能够发挥出色的催化性能。我们提出将过渡金属化物的无定形态结构与其他催化材料组装成异质结构[145],不仅可以实现单原子稳定吸附,还能发挥两种材料优异的催化性能。

考虑 ZrO_2 与 g-C_3N_4 本身具有优异的光催化活性,但存在宽带隙的限制,本书设计了晶体(非晶)ZrO_2/g-C_3N_4 异质结构并负载 Rh 单原子催化剂。我们通过理论计算分析这种新型催化剂的电子结构和催化性质,探索其在光催化析氢中的可能性。同时,通过分析层间载流子输运效率以及反应中不同原子的轨道贡献揭示反应机理。结果证实,异质结构单原子催化剂在光催化中具有广泛的应用前景。

3.2 计算方法

本书使用 Materials Studio 软件包的 Castep 模块进行电子性能计算。首先,从网站下载了单斜 ZrO_2 和 $g-C_3N_4$ 原胞的基本结构模型 cif 文件,并使用该软件包进行表面重建,计算得到了晶格失配度低于 4% 的异质结构模型。在计算中,采用了广义梯度近似泛函(GGA-PBE)的方法,考虑了电子关联能的影响。为了保证形成最低能量的有效异质结构,双层间距设置为 4 Å,并采用了超软赝势(OTFG)计算电子性质,以考虑过渡金属 d 能级的电子之间的强的库仑交换相互作用。同时,还考虑了旋轨耦合效应(SOC)与 Tkatchenko-Scheffler(TS)色散修正来校正范德瓦耳斯力,以提高计算精度。在计算能带、差分电荷密度及吸附能时,布里渊区中 K 点网格选取为 $7 \times 7 \times 1$,而在计算态密度及光吸收谱时,选取了 $12 \times 12 \times 1$ 的 K 点网格。为避免层间相互作用,Z 方向真空层厚度选为 18 Å。此外,还采用了 Dmol3 模块进行分子动力学计算,并在正则系综(NVT)下进行测试,总步长为 5 Ps,进行 2 500 步迭代。

对几何结构进行了优化,确保建立的模型更接近于实际晶体的结构,催化剂结构优化的参数如表 3-1 所列。异质催化剂晶体结构模型如图 3-1 所示。催化剂晶体参数与前人的结果相差不大[146-147],因此可以进行后续性质的计算。为方便后续表述,将四个异质催化剂分别命名为:$m-ZrO_2(111)/g-C_3N_4$(模型 1);非晶 $m-ZrO_2(111)/g-C_3N_4$(模型 2);$Rh@m-ZrO_2/g-C_3N_4$(模型 3);$Rh@$非晶 $m-ZrO_2/g-C_3N_4$(模型 4)。

第3章 ZrO₂/g-C₃N₄ 异质结构负载贵金属 Rh 单原子催化剂的理论研究

表 3-1 催化剂结构优化的参数

材料	a/Å	b/Å	c/Å	参考来源
m-ZrO₂	5.234	5.268	5.418	本工作
m-ZrO₂	5.209	5.272	5.377	文献[144]
m-ZrO₂(111)	7.426	7.557		本工作
非晶 m-ZrO₂(111)	7.394	7.567		本工作
g-C₃N₄	7.278	7.278		本工作
g-C₃N₄	7.150	7.150		文献[145]
m-ZrO₂(111)/g-C₃N₄	7.402	7.468		本工作
非晶 m-ZrO₂(111)/g-C₃N₄	7.396	7.453		本工作

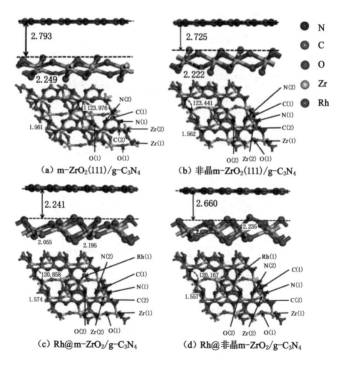

图 3-1 异质催化剂晶体结构模型

3.3 结论分析

3.3.1 稳定性分析

针对非晶结构的 m-ZrO$_2$(111)、m-ZrO$_2$(111)/g-C$_3$N$_4$ 异质结构和 Rh@m-ZrO$_2$(111)/g-C$_3$N$_4$ 异质单原子催化剂三个模型进行了稳定性测试,如图 3-2 所示,测试结果显示它们的能量分别收敛在 $-14\ 764.950\ 6$ Ha,$-15\ 431.236\ 0$ Ha 和 $-20\ 118.979\ 0$ Ha,能量波动均在 0.002 Ha 左右,说明催化剂结构是稳定的。

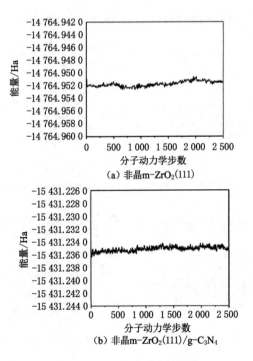

图 3-2 分子动力学稳定性计算

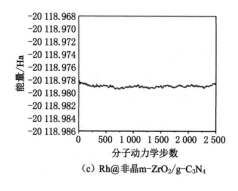

(c) Rh@非晶m-ZrO$_2$/g-C$_3$N$_4$

图 3-2(续)

从能量角度计算单层结构与异质结构的形成能,形成能为负值可以说明体系能够稳定存在。计算方法为:

$$\Delta E_f = x \cdot \Delta E_A + y \cdot \Delta E_B - \Delta E_{total} \tag{3-1}$$

式中,ΔE_A,ΔE_B,ΔE_{total} 为结构中各组分的能量;x,y 为组分的数量。例如,对于 m-ZrO$_2$ 催化剂,生成能是单个 Zr 原子的能量加上两个单独的 O 原子的能量的和,然后去除 m-ZrO$_2$ 晶体的能量。由计算结果可知,全部催化剂的体系形成能均为负值,形成异质结构之后形成能依旧等同于原始材料的形成能,说明设计的催化剂均可稳定存在。随后将 Rh 原子吸附于异质结构的不同位点,计算原子的吸附能,公式如下:

$$\Delta E_{ads} = E_{Rh\,on\,M} - E_M - E_{Rh} \tag{3-2}$$

式中,ΔE_{ads},ΔE_{Rh},ΔE_M 分别为吸附能、Rh 金属能量和载体的原始能量。其吸附能均小于-0.5 eV,说明原子进行了稳定的化学吸附[148]。我们考虑了 Rh 单原子锚定氧化锆表面的几个特征位点,分别是在 O—Zr 桥位、O 顶位和氧化锆 O 端位表面。从表 3-2 提供的各个位点吸附能数据可以看出,m-ZrO$_2$ 的 O 端位和 O 顶位吸附单原子 Rh 时不能成功实现吸附,只有非晶态催化剂的独特界面电荷特性可以实现有效吸附。因此，Rh 单原子催化剂在非晶 m-ZrO_2/g-C_3N_4 异质结构上吸附更加稳定，位点更为丰富，说明非晶材料表面高的电子浓度及良好的离域性发挥了作用[143]，从稳定性角度说，非晶异质结构具有更加稳定的吸附作用，后续我们将对吸附能力最强的桥位负载 Rh 单原子催化剂进行对比分析。

表 3-2 异质结构催化剂的相关性质

材料	形成能/eV	吸附能/eV			有效质量/×m_0		带隙/eV
		桥位	O顶位	O端位	m_h	m_e	
m-ZrO_2(111)	−1.46	—	—	—	11.79	6.57	4.44
非晶 m-ZrO_2(111)	−1.76	—	—	—	7.53	4.29	4.14
g-C_3N_4	−2.62	—	—	—	5.34	1.22	2.72
m-ZrO_2(111)/g-C_3N_4	−1.44	—	—	—	3.54	1.14	2.13
非晶 m-ZrO_2(111)/g-C_3N_4	−1.76	—	—	—	2.92	1.16	2.12
Rh@m-ZrO(111)$_2$/g-C_3N_4	—	−3.51	1.42	2.10	2.84	1.49	1.23
Rh@非晶 m-ZrO_2(111)/g-C_3N_4	—	−3.16	−4.57	−2.52	4.16	2.61	1.32

3.3.2 催化剂的电子性能

针对单层 m-ZrO_2 及 g-C_3N_4 进行了能带计算，结果显示单层 m-ZrO_2 的带隙为 4.44 eV，与已有文献报道的 4.72 eV 相近[149]，而 g-C_3N_4 的带隙为 2.72 eV，与文献中报道的 2.7 eV 相差不大[150]。针对异质催化剂的能带性质计算结果如表 3-2 所列。进一步结合图 3-3 中的能带结构，可以观察到，在没有进行 Rh 单原子负载的异质催化剂中，模型 1 与模型 2 体现出间接带隙性质，说明晶格热震动产生的声子作用也会影响电子迁移效率。相比较而言，模型 3 与模型 4 的催化剂结构显现出直接带隙的性质，更有利于载流子的跃迁。Rh 单原子的引入能够引起能带性质变化，从而促进界面电子的跃迁能力。

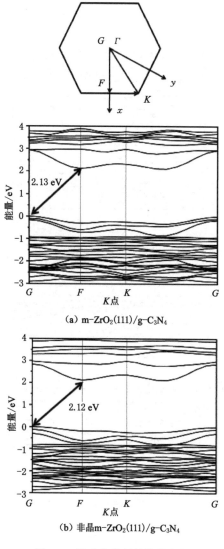

(a) m-ZrO$_2$(111)/g-C$_3$N$_4$

(b) 非晶m-ZrO$_2$(111)/g-C$_3$N$_4$

图 3-3 异质催化剂的能带结构

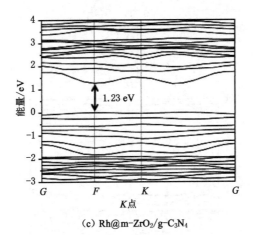

(c) Rh@m-ZrO$_2$/g-C$_3$N$_4$

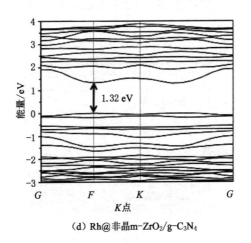

(d) Rh@非晶m-ZrO$_2$/g-C$_3$N$_4$

图 3-3(续)

利用导带底(CBM)或者价带顶(VBM)在该对称点附近进行二次拟合得出催化剂模型的电子或空穴有效质量[137],公式如下:

$$m_\mathrm{n} = \left| \frac{h^2}{1.6 \times 10^{-19} \times a^2 \times \frac{\partial^2 E}{\partial^2 K} \times 9.1} \times m_0 \right| \quad (3\text{-}3)$$

式中,a 为研究对象模型的晶格常数;m_0 为电子质量;h 为普朗克常数。根据载流子的定义,可计算底部附近的电子有效质量(m_e)和价带顶部附近的空穴有效质量(m_h),具体结果如表 3-2 所列。与单层 m-ZrO$_2$ 相比,非晶 m-ZrO$_2$ 电子和空穴的有效质量均有所下降,分别从 $11.79m_0$ 降低到 $7.53m_0$,这将提高载流子的迁移率[151]。在引入异质结构后,电子和空穴的有效质量均有所降低,因此有助于促进载流子迁移率提高。此外,在载流子传输中,电子的有效质量(m_e)比空穴的有效质量(m_h)贡献更大。

图 3-4 展示了异质催化剂的分波态密度的结果。比较图 3-4(a)和(b),价带一侧 N-2p 和 O-2p 对载流子输运起到主要贡献,导带上 Zr-4d 轨道、N-2p 轨道及 C-2p 也提供了贡献。同时,Zr 原子与 C 原子、O 原子与 N 原子轨道出现交叉现象,化学键结合强度增加。这表明异质界面有着良好的载流子交互与传输特性。同时结合催化剂中过渡金属的 d 带中心结构(见表 3-3)。当 d 轨道向费米能级附近移动,说明结构的反键轨道的能量升高,提升了原子间的键合能力,吸附能增加,使结构更加稳定[152]。从晶态氧化锆到异质结构催化剂,Zr-4d 轨道逐渐移向费米能级附近,电子从反键轨道中激发出来,这样既能提升载流子的迁移能力,又增强了化学键的结合能力。随着非晶态的加入,d 带中心有所提升,虽然稳定性有小幅度降低,但是导带电子占据程度变高,这表明非晶 m-ZrO$_2$(111)/g-C$_3$N$_4$ 催化剂电子活性有所增强,对于促进反应发生具有良好的促进作用。

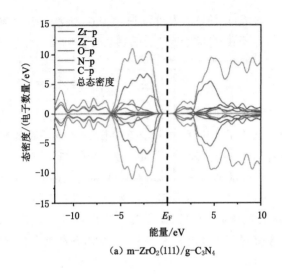

(a) m-ZrO$_2$(111)/g-C$_3$N$_4$

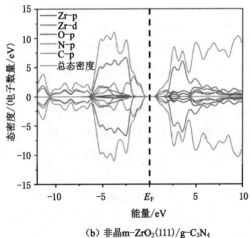

(b) 非晶m-ZrO$_2$(111)/g-C$_3$N$_4$

图 3-4 异质催化剂的分波态密度结果

注:电子数量/eV表示每个电子伏内的电子数量。

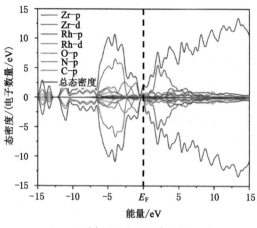

(c) Rh@m-ZrO$_2$/g-C$_3$N$_4$

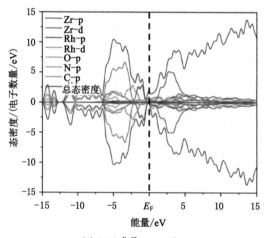

(d) Rh@非晶m-ZrO$_2$/g-C$_3$N$_4$

图 3-4(续)

表 3-3 异质催化剂中过渡金属的 d 带中心

材料	m-ZrO_2(111)	非晶 m-ZrO_2(111)	m-ZrO_2/g-C_3N_4	非晶 m-ZrO_2/g-C_3N_4	Rh@m-ZrO_2/g-C_3N_4	Rh@非晶 m-ZrO_2/g-C_3N_4
Zr	6.203 eV	5.612 eV	4.351 eV	4.711 eV	2.417 eV	2.871 eV
Rh	—	—	—	—	−1.782 eV	−1.829 eV

从图 3-4(c)、(d)可以看出 Rh 单原子在催化剂中的贡献情况。对于 Rh@m-ZrO_2/g-C_3N_4,价带一侧 N-2p、O-2p 和 Rh-4d 轨道依旧可提供良好的空穴传输,导带一侧由上 Zr-4d 轨道、N-2p 轨道及 C-2p 提供电子贡献。Rh@非晶 m-ZrO_2/g-C_3N_4 的轨道贡献情况也是类似。此时,单原子催化剂的 Rh-4d 轨道均跨越费米能级,导电性显著提升,为异质结构催化剂提供了更多反应的活性位点。不同的是,Rh@非晶 m-ZrO_2/g-C_3N_4 光催化剂的 Rh-4d 轨道在费米能级偏于价带一侧出现明显的轨道极化,这会有效促进电子-空穴对的定向迁移,有助于催化反应的进行。结合 d 带中心分析,非晶态氧化锆中 Zr-4d 轨道较晶态结构的 d 带中心向远离费米能级方向移动,这是由于非晶材料电子流动较强烈,空轨道增多,导致 Zr 外层电子中心上移。Rh 的 d 带中心基本处于价带内部附近,说明此时异质催化剂结合程度更好,同时对于 Zr 元素而言 d 带中心更加接近费米能级,其发挥了主要的催化贡献。Rh@非晶 m-ZrO_2/g-C_3N_4 的 d 带中心数值负数更大,表明单原子 Rh 在非晶异质结构上的稳定程度强于 Rh@m-ZrO_2/g-C_3N_4 催化剂,体现非晶材料强吸附这一特点。表面单原子 Rh 会稳定附着在载体之上,有效提升催化剂的限域催化作用[153],并提升电子离域能力。

图 3-5 展示了电子得失的情况,其中深色表示得到电子,浅色表示失去电子。在 g-C_3N_4 中,C 原子周围的电子会向 N 原子附近移动,在 m-ZrO_2 中,O 原子附近的电子浓度会增加。图 3-5(a)、(b)

显示出异质催化剂中层间电子传输现象增强。图3-5(c)、(d)表明单个Rh原子负载时存在电子转移现象,与未负载单原子的催化剂相比,Rh原子周围的电子得失较强,说明Rh的d轨道参与界面电子结合。这表明异质催化剂具有更好的结合性能,在后续的反应模拟中,它们能够稳定地附着在载体上并有效地催化反应。

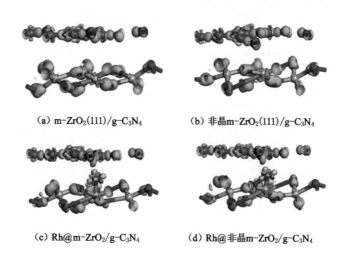

(a) m-ZrO$_2$(111)/g-C$_3$N$_4$ (b) 非晶m-ZrO$_2$(111)/g-C$_3$N$_4$

(c) Rh@m-ZrO$_2$/g-C$_3$N$_4$ (d) Rh@非晶m-ZrO$_2$/g-C$_3$N$_4$

图3-5 催化剂的差分电荷密度示意图

通过进一步观察表3-4中的布居数和相关键长数值,可以证实差分电荷密度图像中电子的流向。从键长布居数中可以发现,m-ZrO$_2$主要是共价键-离子键混合结合,而g-C$_3$N$_4$晶体内则是共价键的连接方式。同时,Rh单原子的负载使得Zr—O和C—N键长出现小幅度收缩。这可能是由于Rh单原子的引入促进了电荷分离程度加深,导致化学键布居数降低,原子之间的电荷-空穴诱导原子相互吸引。对比晶态与非晶态异质结构光催化剂,Rh—O与Rh—Zr的键长之间的布居数也存在不同,非晶催化剂中Zr失去电荷与O获取电荷的能力均强于晶态催化剂,Zr—O—Rh键桥电荷流动更加清晰,表明非晶材料作为催化剂时,拥有良好的电荷输运能力。此外,结合其他键长分析,可以发现原子之间的键长相对变化较小,因此形成异质结构时并没有导致结构畸变。

表 3-4 异质结构催化剂原子的布居电荷及单原子键连长度

材料	m-ZrO_2/g-C_3N_4	非晶 m-TiO_2/g-C_3N_4	Rh@m-ZrO_2/g-C_3N_4	Rh@非晶 m-TiO_2/g-C_3N_4
Zr(1)	1.57e	1.56e	1.55e	1.53e
Zr(2)	1.52e	1.49e	1.44e	1.44e
O(1)	−0.77e	−0.78e	−0.77e	−0.77e
O(2)	−0.71e	−0.71e	−0.73e	−0.69e
C(1)	0.52e	0.51e	0.45e	0.45e
C(2)	0.48e	0.50e	0.37e	0.38e
N(1)	−0.33e	−0.33e	−0.31e	−0.31e
N(2)	−0.39e	−0.39e	−0.38e	−0.37e
Rh	—	—	0.56e	0.47e
Zr—O	0.57(2.28 Å)	0.59(2.29 Å)	0.47(2.22 Å)	0.40(2.18 Å)
C—N	1.05(1.42 Å)	1.09(1.42 Å)	0.96(1.42 Å)	0.92(1.43 Å)
Zr-Rh	—	—	−0.12(2.10 Å)	−0.19(2.24 Å)
O—Rh	—	—	0.09(2.22 Å)	0.15(1.95 Å)

3.3.3 异质催化剂的催化性能

电子突破所在轨道的限制跃迁到催化剂的表面需要消耗能

量,这个能量称为功函数,其计算公式为 $\varphi = E_{VAC} - E_F$,其中 E_{VAC} 和 E_F 分别为真空能级和费米能级的能量[154]。结合光化学水分解的氧化还原电势(V vs NHE),相应材料的导带底(CBM)和价带顶(VBM)的位置可以通过方程式给出:

$$E_{CB} = \chi - 4.5 - 0.5E_g \tag{3-4}$$

$$E_{VB} = E_{CB} + E_g \tag{3-5}$$

式中,E_{CB},E_{VB} 分别表示导带底与价带顶的氧化还原电势;χ 表示不同原子的密立根电负性,计算公式如下[155]:

$$\chi = [\chi(A)^a \chi(B)^b]^{1/(a+b)} \tag{3-6}$$

式中,$\chi(A)$ 和 $\chi(B)$ 分别为两种原子的密立根电负性;a,b 为其原子数量。

将功函数和能带相结合,可以从计算角度理解催化剂在光分解水反应中的输运机制。由图 3-6 可见,无论 m-ZrO_2 与 g-C_3N_4 还是非晶 m-ZrO_2 与 g-C_3N_4 层间的电子-空穴分离均较为明显,都能形成良好的内电场,使得限域范围内催化作用增强,能形成第二类错开型异质结构材料[156]。当非晶 m-ZrO_2 和 g-C_3N_4 复合时,带隙缩小,载流子的迁移能力增加,功函数也有所降低。此外,作为贵金属的 Rh 原子能够引起局域表面等离子体共振(LSPR)效应[125],从而降低了体系的功函数,分别降低了 1.77 eV 和 1.61 eV。因此,异质结构的有效形成,不仅提高了电子的迁移活性,也提升了活性氧(ROS)的激发特性[157]。可以推断,异质结构单原子催化剂能够有效改善层间电子排布状态,催化剂活性位点将会有所提高,并且贵金属引发的 LSPR 效应能够进一步提升电荷的输运能力,有利于催化反应的进行。

在可见光照射下,载流子被有效激发,从而参与了催化反应。具体来说,光能带隙的能量高于水的氧化还原电位,在光的激发下,价带顶(VBM)处的光电子(e^-)被传输到导带底(CBM)。与此同时,CBM 处产生了与 e^- 数量相等的空穴(h^+),并向 VBM 转

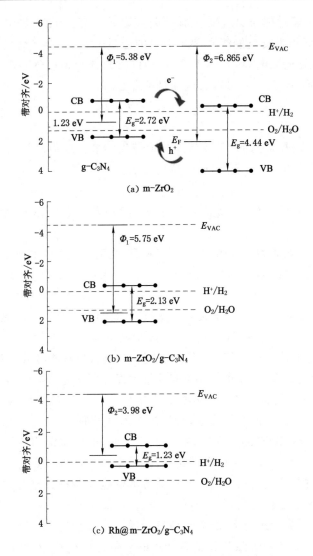

图 3-6 异质结构催化剂光催化水分解示意图

注:E_{VAC}为真空能级,VB 为价带,CB 为导带。

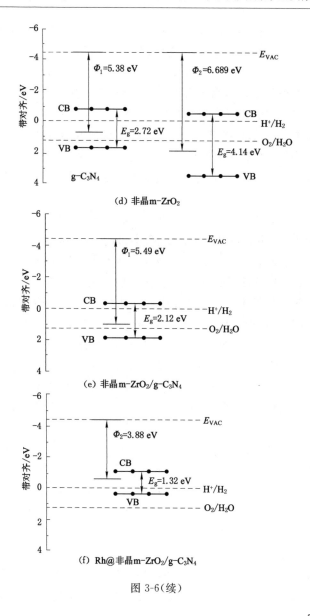

图 3-6(续)

移。可以看到模型 1 和模型 2 异质催化剂结构的电极位置(对于标准氢电极,NHE),均能有效地进行析氢反应与析氧反应[158]。遗憾的是,Rh 单原子的引入使得单原子异质光催化剂仅对 HER 具有积极作用。这是由于限域电场中电子的迁移更为容易,电子迁移率提高,从而增强了内部电场的还原能力。

反应的速率和效率是衡量析氢反应催化剂活性的重要标准。其中,吉布斯自由能是一个反映催化剂对 H 质子还原能力的指标。如图 3-7(a)所示,我们计算了各种催化剂的吉布斯自由能。

从图 3-7 中可以看出,不同催化剂之间也有着显著的催化差异。未负载 Rh 的异质催化剂结构中,H 原子能有效地在层间吸附,这表明异质结构内的电场良好,有利于启动催化反应。模型 1 异质催化剂吸附 H 原子的能力很强,自由能数值为 -1.871 eV,不利于氢气的析出。模型 2 异质催化剂对于 H_2 的吸附-脱附能力最佳,其 ΔG_{H^*} 数值为 -0.216 eV,强于 He 等[159]设计的 Type-II InSe/g-C_3N_4 异质结构光催化剂(其 ΔG_{H^*} 数值为 -0.402 eV)。

在 Rh 单原子负载的异质催化剂结构中,我们考虑了两种 H 吸附位置。一种是吸附在 O 原子与 Rh 原子中间的位置,晶态与非晶态的自由能分别为 -1.81 eV 和 -1.42 eV,这对于 HER 的发生是不利的。另一种是 H 原子吸附在 Rh 与 g-C_3N_4 之间,晶态与非晶态的自由能分别为 -0.944 eV 和 -0.712 eV。HER 反应容易在单原子 Rh 和 g-C_3N_4 之间有效发生。Rh 单原子的负载提升了异质结构之间的电子活性,能够有效地进行析氢反应。此外,具有非晶态 m-ZrO_2 的模型 2 和模型 4 都有着较好的析氢吉布斯自由能,这表明非晶的松弛结构和良好的电子性质有助于加速 HER 的进行。

在前面的部分,我们对异质结构单原子催化剂中光生载流子的迁移机理进行了说明。然而,大多数催化剂受到狭窄的吸收光

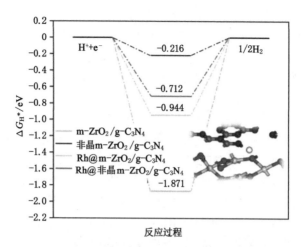

(a) 最佳吸附位点上氢吸附吉布斯自由能的变化（ΔG_{H^*}）

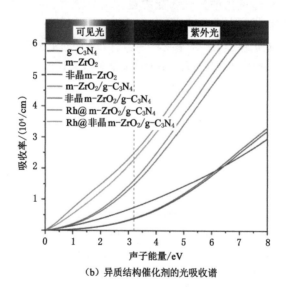

(b) 异质结构催化剂的光吸收谱

图 3-7 光催化析氢能力评估

谱频率的限制,其光吸收范围非常有限。下面我们进一步探讨异质结构单原子催化剂的光吸收范围问题。

根据 Kramers-Kronig 的色散关系和直接跃迁概率的定义推导出其吸收系数等光学常数,计算关系可以表达为[160]:

$$I(\omega) = \frac{\sqrt{2}\omega}{c} \left[\sqrt{\varepsilon_1^2(\omega) + \varepsilon_2^2(\omega)} - \varepsilon_1(\omega) \right]^{1/2} \quad (3-7)$$

式中,ω 为频率;$\varepsilon_1(\omega)$ 为实部介电常数;$\varepsilon_2(\omega)$ 为虚部介电常数。当光子能量达到能隙范围时,半导体能够产生光-电子耦合效应,从而激发电子在价带与导带间跃迁。图 3-7(b)展示了催化剂的光吸收谱,其中异质结构的光催化剂具有比单层结构更强的光吸收系数。与此同时,贵金属 Rh 单原子的引入又能够进一步加强光催化剂的光吸收系数。研究发现,单原子体系对于光催化剂在可见光波长范围内的光吸收能力提升效果显著,表明光的利用效率会有所提升[161]。这样证实了贵金属单原子嵌入异质结构内发挥的独特催化性能,结合非晶材料特性,引发的 LSPR 及 ROS(活性氧物种)效应促进了光生载流子的界面传输性能,扩展了吸收波长的范围,促进光催化反应的发生。

3.4 小结

本章通过第一性原理方法对晶态和非晶态 m-ZrO_2/g-C_3N_4 异质结构负载贵金属 Rh 单原子光催化剂进行了计算和分析,旨在探究该体系在光催化领域的应用。研究结果表明,非晶及异质结构具有很好的稳定性,并且 Rh 单原子能够有效地化学吸附到载体上。异质结构的形成使得内部存在一个电场,降低了电子和空穴的复合程度,提高了载流子的迁移率。非晶结构的设计以及贵金属的引入提高了异质催化剂的光吸收系数、降低了功函数。此外,研究表明,(非晶态)m-ZrO_2/g-C_3N_4 异质结构催化剂具有良好的 HER(阴极析氢反应)和 OER(阳极析氢反应)能力,其中模型 3 和模型 4 在 HER 方面表现较好。非晶 m-ZrO_2(111)/g-C_3N_4 的 ΔG_{H^*} 数值为 -0.216 eV,结合功函数、光吸收系数及 d 带中心等因素说明该结构在 HER 方面具有优势。因此,非晶异质结构及其负载单原子的复合体系为光催化析氢开辟了新的途径,表明了其在制氢领域具有客观的应用前景,能够为后续实验提供有力的借鉴。

第 4 章 r-TiO$_2$/MoS$_2$ 异质结构负载贵金属 Pt 单原子催化剂的理论研究

4.1 研究背景

近几年来,缓解能源和环境问题是中国和世界可持续发展的必然选择。虽然在水力、潮汐能及风能等新型可再生能源的开发方面取得了一些进展,但这类能源的开发特别受到地理环境的限制,阻碍了它们的进一步应用。氢能也属于清洁和可再生能源,每单位质量的能量比传统化石燃料高出 2.5 倍。但遗憾的是,目前制氢主要来源于现阶段的不可再生资源,所以开发一种清洁可再生的溶液来获得氢是一项基础性任务。其中,半导体基水分裂光催化剂作为解决能源危机和环境污染的重要课题之一,引起了人们的广泛关注。

范德瓦耳斯异质结构材料是利用能带工程设计出的新型半导体材料,具有良好的尺寸设计、较大的界面接触面积,能更好地展现各组分的催化优势,快速促进光生电荷的分离和转移,扩大光催化剂体系的多样性。MoS$_2$ 由于其优异的力学性能和电子性能,在未来催化剂的设计与发展过程中将占据重要地位。对此,Yan 等[162]开发了 MoS$_2$/g-C$_3$N$_4$ 异质结构光催化剂,以去除环境污染物。研究 TiO$_2$/MoS$_2$ 异质结构的光催化也相继发展起来[163]。Yuan 团队[164]在 TiO$_2$ 纳米片表面负载 MoS$_2$ 纳米片。通过负载最优量的 0.50 wt% MoS$_2$ 作为共催化剂,显著提高了 TiO$_2$ 光催化产生 H$_2$

第4章　r-TiO$_2$/MoS$_2$ 异质结构负载贵金属 Pt 单原子催化剂的理论研究

的能力。但是对于异质结构来说,体系的理论认识依旧不够完善,层间耦合作用的内在联系不明确以及缺陷环境对其电子-空穴复合程度的研究不充分等问题一直影响着光催化剂的迅速发展。

例如,非晶异质结构的电子关联作用。近年来非晶材料在电催化领域中崭露头角,并展现出优异的催化活性[165]。非晶材料常发生带尾吸收[166],一般存在大量不饱和位点和缺陷,不饱和位点有时可称为反应的活性位点,同时一些浅陷阱可以反复捕获和释放光生电子/空穴,进而影响光生电荷的迁移时间。一些非晶过渡金属化合物可用作助催化剂,且光催化活性完全不亚于贵金属[144]。若将非晶材料与结晶材料复合,这样既体现了非晶材料的优势,增加了反应活性位点又能消除界面间晶格失配带来的消极影响[167]。

张涛院士提出"单原子催化剂"概念之后,低成本、高选择性及高活性位点的 Pt 系贵金属单原子催化已经成为绿色催化剂的重要成员。但由于单原子自身较高的表面能,会导致其以团簇的形式稳定存在,对于负载型金属催化剂,随着金属颗粒尺寸的减小,更容易发生 Ostwald 熟化现象[91]。贵金属化学催化剂因其自身具有防水耐酸碱腐蚀、抗压耐高温、抗氧化等优越的化学综合应用性能,是一种重要的金属催化剂生产原料。从环保和经济角度来说,对贵金属单原子催化剂进行功能化载体的创新设计便是重中之重。

基于上述分析,本章设计晶态(非晶态)金红石(r-TiO$_2$)/晶态 MoS$_2$ 异质结构负载单原子 Pt,构造新型功能化单原子光催化剂。一是填补异质结构单原子新型催化剂的空白,二是揭示缺陷态异质结构对催化的构效作用。通过密度泛函理论分析其电子性能及光吸收率,期望能够为单原子光催化剂的功能化载体设计提供研究思路及基础。

4.2　计算方法

通过 Materials studio 量子计算软件 CASTEP 模块计算相关

性质。首先在网站上下载 r-TiO$_2$ 与 MoS$_2$ 原胞的基本结构模型 cif 文件,其他计算方法与第 3 章一致。表 4-1 为体相金红石 TiO$_2$ 和 MoS$_2$ 优化后结构的参数,与文献对比,在合理范围内,切面后表面参数及异质结构参数如表 4-1 所列,异质结构催化剂结构如图 4-1 所示。

表 4-1　材料优化的结构参数

材料	a/Å	b/Å	c/Å	参考来源
r-TiO$_2$	4.62	4.56	2.98	本工作
r-TiO$_2$	4.56	4.56	2.95	文献[168]
非晶 r-TiO$_2$(110)	4.65	4.51	—	本工作
MoS$_2$	3.18	3.14	4.92	本工作
MoS$_2$	3.22	3.22	4.86	文献[169]
r-TiO$_2$(110)	5.92	6.45	—	本工作
MoS$_2$(0001)	6.33	5.49	—	本工作
r-TiO$_2$(110)/MoS$_2$(0001)	6.13	6.00	—	本工作

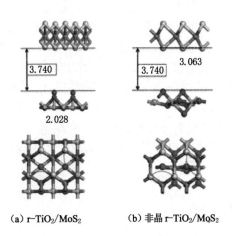

(a) r-TiO$_2$/MoS$_2$　　(b) 非晶 r-TiO$_2$/MoS$_2$

图 4-1　异质结构催化剂结构图

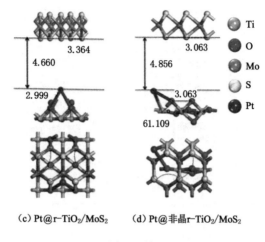

(c) Pt@r-TiO$_2$/MoS$_2$　　(d) Pt@非晶r-TiO$_2$/MoS$_2$

图 4-1(续)

4.3　结论分析

4.3.1　催化剂的稳定性分析

我们在 NVT 体系下对非晶 r-TiO$_2$(110)、非晶 r-TiO$_2$/二硫化钼和 Pt@非晶 r-TiO$_2$/二硫化钼异质结构催化剂的稳定性进行了测试,总步长为 5 Ps,2 500 步,如图 4-2 所示。能量分别收敛于 −3 999.580 Ha、−23 018.594 Ha 和 −40 353.559 Ha,能量波动在 0.001 Ha 左右,说明三种非晶催化剂模型都能够稳定存在。

确保稳定性后,我们对原始结构和晶态(非晶态)r-TiO$_2$/MoS$_2$ 异质结构催化剂的形成能进行计算(见表 4-2)。计算结果表明,原始与异质结构均可以稳定存在。随后将 Pt 原子吸附于异质结构。

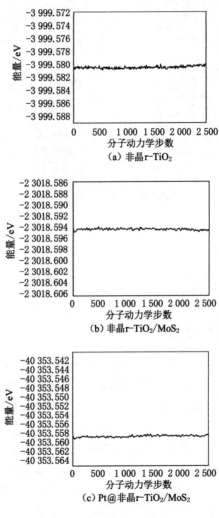

图 4-2 分子动力学稳定性的计算

第4章 r-TiO₂/MoS₂ 异质结构负载贵金属 Pt 单原子催化剂的理论研究

表 4-2 异质结构催化剂的相关性质

材料	结合能/eV	吸附能/eV O—Ti 桥位	O 端位	O 顶位	有效质量/×m_0	带隙/eV
r-TiO₂(110)	−0.07	—	—	—	1.27	4.56
非晶 r-TiO₂(110)	−0.84	—	—	—	1.43	2.70
MoS₂(001)	−0.08	—	—	—	2.25	1.92
r-TiO₂/MoS₂	−1.78	—	—	—	1.94	1.49
非晶 r-TiO₂/MoS₂	−1.70	—	—	—	0.30	1.12
Pt@r-TiO₂/MoS₂	—	−3.43	−1.42	−1.43	0.54	0.78
Pt@非晶 r-TiO₂/MoS₂	—	−5.32	−1.83	−1.65	0.25	1.22

从表 4-2 可以看到，单原子吸附在载体上的吸附能均小于 −0.5 eV，说明原子进行了稳定的化学吸附。桥位的单原子可以被载体更稳定地吸附，吸附能达到 −3.43 eV。在非晶 r-TiO₂/MoS₂ 异质催化剂上，Pt 原子的吸附更稳定，可达到 −5.32 eV。非晶材料表面的不饱和配位环境和非晶材料表面的高电子浓度起着一定的作用，使非晶层间催化剂具有较强的化学键合效应。因此，从稳定性的角度来看，非晶层间结构具有更稳定的吸附效应。下面对 Pt@r-TiO₂/MoS₂ 和 Pt@非晶 r-TiO₂/MoS₂ 两种异质结构催化剂模型中桥位负载 Pt 的催化剂模型进行催化能力分析。

4.3.2 催化剂电子性能分析

在体系稳定性达到要求后，对于催化剂的电子性质进行讨论。如表 4-2 所示，单层 r-TiO₂ 的带隙为 4.56 eV，与文献的 4.70 eV 相近[170]，MoS₂ 的带隙是 1.92 eV，与文献中的 2.0 eV 相差不大[154]。图 4-3 显示的是异质结构催化剂的能带示意图，总体上看，四个结构均具有半导体特性，带隙在 0.78~1.49 eV 以内。图 4-3(a)和(d)具有间接带隙半导体特征，说明存在声子散射，会阻碍载流子的有效迁移。图 4-3(b) 和 (c) 具有直接带隙半导体特征。

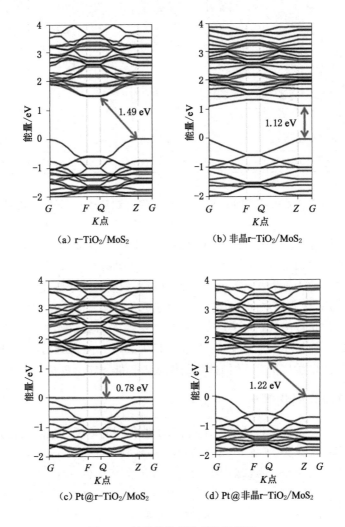

(a) r-TiO$_2$/MoS$_2$

(b) 非晶r-TiO$_2$/MoS$_2$

(c) Pt@r-TiO$_2$/MoS$_2$

(d) Pt@非晶r-TiO$_2$/MoS$_2$

图 4-3 异质结构催化剂的能带图

表 4-2 中列出的异质结构催化剂有效质量的数据，有效质量与载流子迁移率呈反比关系。r-TiO_2/MoS_2 异质结构催化剂的载流子迁移率最小，不同的是 Pt@非晶 r-TiO_2/MoS_2 异质结构催化剂具有最大的载流子迁移率，其原因可能是非晶结构具有的拓扑缺陷结构为电子的有效迁移提供了条件，与单原子 Pt 负载后显现出了优异的传输性能。

图 4-3(c)中 Pt@r-TiO_2/MoS_2 异质结构催化剂的费米能级附近起伏较小，电子离域程度低，因此即使带隙较小，电子迁移程度也有所下降。但是总体上，图 4-3(b)~(d)中三个催化剂均有着较高的载流子迁移率。

结合催化剂的分波态密度(见图 4-4)，我们可以清晰看出费米能级附近原子的轨道贡献情况。比较图 4-4(a)和(b)，价带一侧 S-2p 轨道、Mo-4d 轨道和 O-2p 轨道对载流子输运起到主要贡献，导带一侧 Ti-3d 和 Mo-4d 轨道提供电子贡献。因此，异质界面有着良好的传输特性，能级重叠显著，电子共享程度高。同时 Ti 与 Mo 原子轨道出现交叉现象，结合强度增加。

从图 4-4(c)、(d)可以看出 Pt 原子在催化剂中的贡献情况，Pt@r-TiO_2/MoS_2 异质结构催化剂的模型中 Pt-5d 轨道费米能级的价带处附近能够提供更多的传输电子，说明单原子协同促进 d 轨道为反应提供更多的配位点。Pt@非晶 r-TiO_2/MoS_2 异质结构催化剂的 Pt-5d 轨道基本处于价带内部附近，说明此时异质催化剂结合程度更好，在后续的反应模拟中会稳定附着载体之上，有效对反应进行催化。而 Pt 的外层 d 轨道与其他轨道均有交叉，结合吸附能共同表明单原子已经成功化学吸附在载体表面，体系稳定存在。

下面对催化剂电子分布情况进行分析。图 4-5 为催化剂差分电荷密度示意图，红色为电子浓度提升，蓝色为电子浓度降低。发现在异质结构的层间存在着良好的电子传输特性，负载单原子后，Pt 原子附近有较强的电子得失，说明 Pt 的 d 轨道参与界面电子结

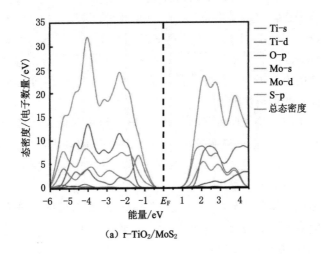

(a) r-TiO$_2$/MoS$_2$

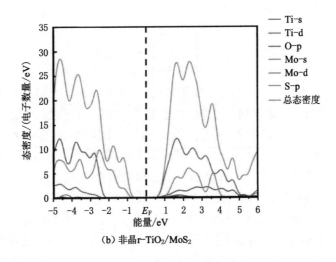

(b) 非晶r-TiO$_2$/MoS$_2$

图 4-4 异质结构催化剂的态密度

第4章 r-TiO₂/MoS₂ 异质结构负载贵金属 Pt 单原子催化剂的理论研究

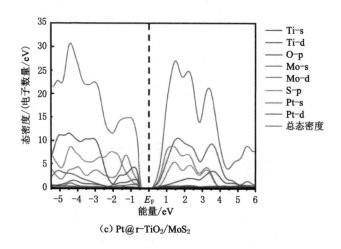

(c) Pt@r-TiO₂/MoS₂

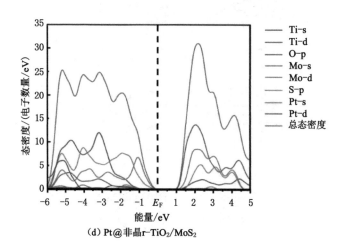

(d) Pt@非晶r-TiO₂/MoS₂

图 4-4(续)

合。Pt 原子与 Ti 原子之间电子云密度重叠,在 Pt@r-TiO$_2$/MoS$_2$ 异质结构催化剂模型中 Pt 附近的电子密度提升,O 原子附近的电子密度降低,有着定向的电子迁移。而在 Pt@非晶 r-TiO$_2$/MoS$_2$ 的异质结构催化剂模型中 Pt 原子附近电子浓度降低,电子向 Ti 原子附近移动,其原因可能是非晶表面不饱和配位环境有利于电子在材料表面移动。

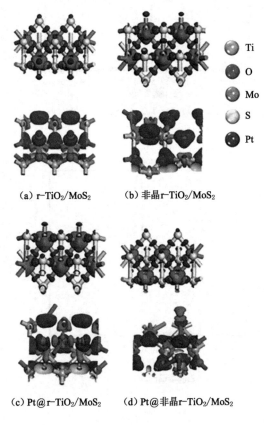

(a) r-TiO$_2$/MoS$_2$ (b) 非晶 r-TiO$_2$/MoS$_2$

(c) Pt@r-TiO$_2$/MoS$_2$ (d) Pt@非晶 r-TiO$_2$/MoS$_2$

图 4-5 异质结构催化剂的差分电荷密度图

结合原子布居数及键长布居数结果(见表 4-3 和图 4-6),可以进一步明确成键情况。布居分析中,正表示成键,负表示反键或者不成键(根据键长判别)。可以看出,MoS_2 中 Mo—S 键布居数处于 0~1e 之间,说明 MoS_2 同时存在离子键和共价键,氧化钛相较于 MoS_2 来说,共价键的键合程度更高一些。原子之间的键长也相对标准,没有因为形成异质结构而发生结构畸变。Pt@r-TiO_2/MoS_2 的异质结构催化剂中,Ti—O 之间存在成键作用,O—Pt 之间呈现反键作用。同时,Pt@非晶 r-TiO_2/MoS_2 的异质结构催化剂中 Ti—Pt 和 O—Pt 均呈现成键作用,结合的稳定性更好。

表 4-3 异质结构催化剂的原子及化学键的布居数

材料	r-TiO_2/MoS_2	非晶 r-TiO_2/MoS_2	Pt@r-TiO_2/MoS_2	Pt@非晶 r-TiO_2/MoS_2
Mo(1)	0.12e	0.14e	0.15e	0.15e
Mo(2)	0.14e	0.15e	0.15e	0.16e
S(1)	−0.12e	−0.12e	−0.11e	−0.13e
S(2)	−0.12e	−0.18e	−0.13e	−0.13e
Ti(1)	1.10e	1.18e	1.12e	1.12e
Ti(2)	1.35e	1.24e	1.35e	1.36e
O(1)	−0.74e	−0.74e	−0.67e	−0.66e
O(2)	0.39e	−0.62e	−0.49e	−0.61e
Pt	—	—	0.31e	−0.19e
Mo—S	0.44(2.39 Å)	0.46(2.38 Å)	0.44(2.39 Å)	0.44(2.79 Å)
Ti—O	0.94(1.61 Å)	0.43(1.82 Å)	0.79(1.74 Å)	0.50(1.82 Å)
Ti—Pt	—	—	0.27(2.86 Å)	0.31(2.44 Å)
O—Pt	—	—	−0.14(2.81 Å)	0.29(2.61 Å)

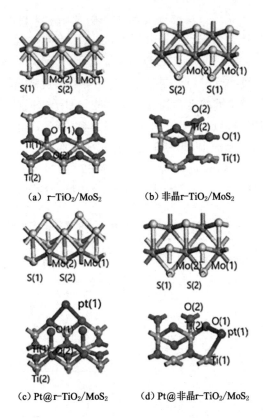

(a) r-TiO₂/MoS₂　　(b) 非晶 r-TiO₂/MoS₂

(c) Pt@r-TiO₂/MoS₂　　(d) Pt@非晶 r-TiO₂/MoS₂

图 4-6　异质结构布居数原子序号标记

此外，我们从电子迁移所克服的能量这一角度来解释异质结构催化剂反应的活性。功函数定义为电子从费米能级逃逸到真空所需要的最小能量，其能够很好地体现外层电子跃迁能力。功函数的计算公式为 $\varphi = E_{VAC} - E_F$，其中 E_{VAC} 和 E_F 分别为真空能级和费米能级的能量[171]。如图 4-7(a)～(c)所示，单层材料的功函数相对较大，非晶 r-TiO₂ 功函数小的原因就是表面的缺陷结构对电子的束缚能力较弱，导致本身功函数较低。形成异质结构之后

[见图 4-7(d)、(e)],内电场使得电子在限域范围内作用效果增强,从而复合体系后功函数有小幅度的降低。

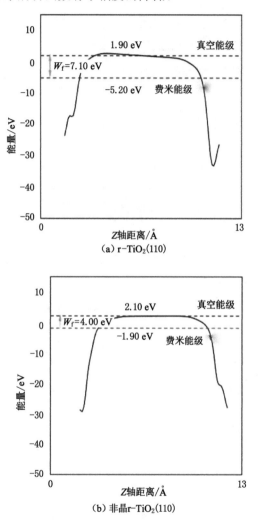

图 4-7 单一材料和异质催化剂的静电势和功函数

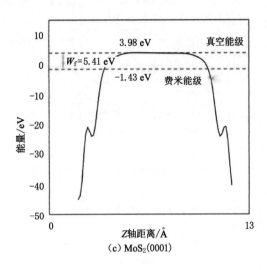

(c) MoS$_2$(0001)

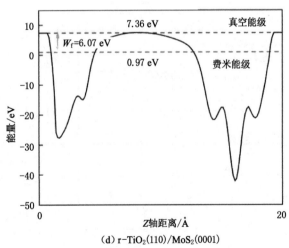

(d) r-TiO$_2$(110)/MoS$_2$(0001)

图 4-7(续)

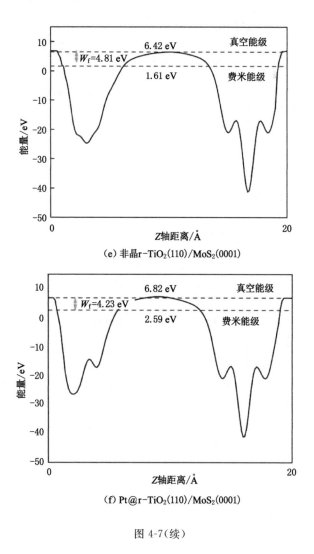

(e) 非晶r-TiO$_2$(110)/MoS$_2$(0001)

(f) Pt@r-TiO$_2$(110)/MoS$_2$(0001)

图 4-7(续)

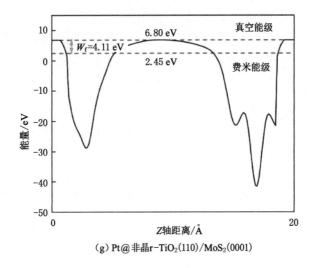

(g) Pt@非晶r-TiO$_2$(110)/MoS$_2$(0001)

图 4-7(续)

贵金属还可以作为助催化剂,降低光催化反应的过电位,除此之外,由于贵金属的局域表面等离子体共振(LSPR)效应,增进了催化剂体系对可见光的吸收能力。所以从图 4-7(f)、(g)可以发现相对应的体系负载单原子之后,功函数有所下降,分别降低了 1.84 eV 和 0.7 eV,电子跃迁表面更加容易。形成异质结构后,电子传输能力增强,功函数相对较低,材料表面对电子的束缚能较低,可促进电子从材料表面逃离,促进各种活性氧的活性提升。

功函数低的催化剂具有较低的激活能量势垒,使利用低能量的近红外光实现光催化反应成为可能。研究表明,异质结构催化剂可以有效提升电子在界面的迁移能力,并且贵金属单原子的负载引发的 LSPR 效应能够进一步提升电子输运的配位环境,利于催化反应的进行。

4.3.3　催化剂的光催化分析

绝大多数光催化剂受光吸收范围或光生载流子复合速率等因素限制,催化活性和效率不高。因此,在光催化研究中,人们一直致力于解决两个核心问题:① 拓展光催化剂的光吸收范围;② 提高光生载流子的分离效率。前面对于载流子迁移能力进行详细介绍,下面对异质结构催化剂的光吸收能力及其在光解水上的可行性进行阐述。

当光子能量达到能隙范围,半导体便能产生光-电子耦合效应,激发电子在价带与导带间跃迁。图4-8为异质催化剂及单层结构的光吸收谱图像,单层晶态与非晶态的r-TiO$_2$的光吸收率很低,当与MoS$_2$形成异质结构时,可以明显发现光吸收系数有显著的提升。r-TiO$_2$/MoS$_2$异质结构催化剂的吸收系数与前人实验得出的结论十分相近。Pt@r-TiO$_2$/MoS$_2$和Pt@非晶 r-TiO$_2$/MoS$_2$两个异质结构催化剂的光吸收系数最佳,我们可以得出贵金属的加入能促进光催化的活性提升。根据Opoku等[172]研究,具有10^5 cm^{-1}光吸收系数的材料与硅的吸收系数相当,有望作为一种高效的光吸收材料应用于太阳能电池和其他光电器件中。本书的研究材料较Zhao等[173]研究材料有着更好的性能,说明Pt单原子在非晶态(晶态)异质结构催化剂之间架起了促进光致电子转移的桥梁,因此异质结构的单原子光催化剂在扩展光吸收范围方面有着明显的提升优势。

为进一步分析催化剂的光催化解水能力。异质结构光催化剂中载流子迁移与分离即光催化水解机制如图4-9所示,从图中可以清晰看出异质结构催化剂有着良好的电子-空穴分离能力。在可见光照射下,很有可能通过充分吸收大于两个分离部分带隙的能量,实现在被激发的VBM处产生的光电e$^-$向CBM的传输。同时,在CBM处产生与e$^-$数目相同的h$^+$,并向VBM转移。

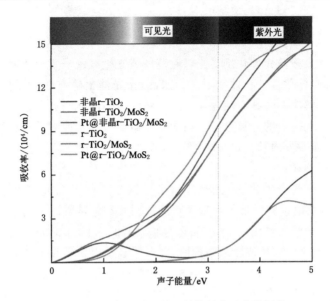

图 4-8　异质催化剂及单层结构的光吸收谱图像

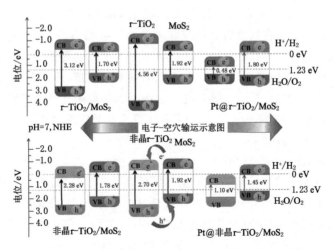

图 4-9　异质结构光催化剂中载流子迁移与分离示意图

r-TiO$_2$/MoS$_2$ 结构电子和空穴同时从二氧化钛传输到二硫化钼，没有良好的电子迁移能力。但是复合后的带隙值超过 1.23 eV，因此依旧能够进行光催化分解水的反应。非晶 TiO$_2$/MoS$_2$ 这个异质结构催化剂近似于第二类异质结构，可以有效促进光激发电子-空穴对的分离。

在导带偏置（CBO）和价带偏置（VBO）的作用下，MoS$_2$ 中产生的剩余 e$^-$ 被诱导转移到 r-TiO$_2$ 的 CB 中，实现析氢反应，而在 r-TiO$_2$ 中聚集的 h$^+$ 被转移到 MoS$_2$ 的 VB 中，为析氧反应作出贡献。非晶 r-TiO$_2$/MoS$_2$ 负载单原子 Pt 的异质结构催化剂形成了类似于 Z 型半导体异质结构。此时 r-TiO$_2$ 的 CB 上电子直接与 MoS$_2$ 的 VB 上空穴相复合湮灭，光催化反应是 r-TiO$_2$ 上的 VB 空穴与 MoS$_2$ 的 CB 电子起传输作用，因此相比于 r-TiO$_2$/MoS$_2$ 负载单原子 Pt 的异质结构催化剂而言，有着更加优异的电子迁移能力和氧化还原能力。

然而在非晶 r-TiO$_2$ 表面缺陷态的影响下，Pt@非晶 r-TiO$_2$/MoS$_2$ 异质结构催化剂不具备水分解析氢的能力。我们知道，氧化还原反应可以在两个独立的部分上实现，因此 Pt@非晶 r-TiO$_2$/MoS$_2$ 异质结构催化剂在光催化水析出 O$_2$、H$_2$O$_2$ 和 O$_3$ 等方面上具备应用前景，而这些产物都有较强的氧化能力，可以直接氧化很多污染物，这表明研发非晶异质结构贵金属单原子光催化剂是具有实际意义的。

4.4 小结

为了提升光催化剂的光吸收能力和载流子传输效率，同时改善单原子催化剂的催化活性及稳定性。本章提出了晶态（非晶态）r-TiO$_2$/晶态 MoS$_2$ 异质结构负载贵金属单原子催化剂的设计思路，利用第一性原理方法阐述该体系在光催化方面的重要应用。

从稳定性出发，讨论了四个异质结构的电子性能以及光催化分解水的能力。异质结构形成的内电场降低了 e^-/h^+ 的复合程度，有着良好的载流子迁移率。非晶结构的设计及贵金属的引入使得异质催化剂有着较高的光吸收系数和较低的功函数。Pt@非晶 r-TiO_2/MoS_2 异质结构的催化剂有着良好的析氧特性，其余三个结构有着全面的光催化分解水的催化效果。因此，非晶异质结构及其负载单原子的复合体系为光催化析氢开辟了新的途径，表明了其在制氢领域的巨大应用价值，能够为实验提供有效的指导。

第5章 第一性原理设计 Pt 单原子负载于非金属元素掺杂 ZrO_2 用于光催化析氢

5.1 研究背景

氢能作为一种清洁能源,由于其储存、运输方便、利用率高、资源丰富,在解决能源危机、全球变暖、环境污染等方面有着重要作用[64,174]。如何实现大规模、低成本的氢气是目前最大的难题[175-176]。其中光催化技术通过利用太阳能,产生氢气,并产生水作为副产品,将是一种极具前景的能源技术[177-179]。

掺杂 n 型和 p 型半导体材料的合成促进了光催化材料的发展。由于掺杂可以形成定域或离域的电子态,改善载流子的配位环境,因此该材料不仅调节了能带结构,还促进了光生载流子的有效转移[186]。由于活性金属与衬底之间的界面相互作用可以有效地调节活性位点的电子结构,因此纳米半导体中各种杂质的存在可以增强无序态,通过量子约束的 Urbach 尾态机制改变电子结构[181]。

掺杂非金属能把半导体吸光范围拉近到可见光区域,不像金属掺杂可以捕获光产生的电子空穴对,非金属掺杂可以作为 VB 的一部分,或在 VB 附近产生电子态,从而缩小半导体的带隙[182]。对 Zr 的同族元素 Ti 的研究发现,掺杂 H 的黑色二氧化钛光吸收能力增强,加速光生载流子有效分离,降低氢吸附自由能,表现出良好的光催化析氢活性[144,183]。相比之下,金属掺杂的应用则更倾向于二氧化碳还原等反应,Li 等[191]分析了 2%~10%的 W 掺杂浓度的 TiO_2 可显著提高其在二氧化碳光热催化还原中的性能,尤其是 4% W 掺杂二氧化钛的活性最高,是未掺杂二氧化钛的 3.5 倍。可见金属掺杂能有效改善了半导体材料催化过程中的电子状态,更利于催化反应的进行。ZrO_2 还是一种优良的光催化材料。Shi 等[185]通过第一性原理研究了 ZrO_2/Pd 上 O 空位的形成及甲烷重整的催化性能。Pan 等[186]通过第一性原理计算研究了贵金属对单斜二氧化锆电子和光学性质的影响。但关于掺杂调节 ZrO_2 以提高电解水效率,高效制取清洁能源方面却研究较少。

单原子催化剂(SACs)是一类新型催化剂,具有低成本、高选择性和高活性位点的特点。由于原子利用率达到 100%,这些催化剂没有传统配位中的金属-金属键,并且受益于量子尺寸和边缘效应,从而提供了金属-载体相互作用[4]。此外,SACs 独特的结构还带来了独特的催化特性,在某些反应中,利用界面效应和 LSPR 效应,SACs 与金属簇相比通常具有更好的产率和选择性[58,187-188]。目前,许多 SACs 已显示出卓越的催化效果,例如,He 等[189]合成了一种具有大量空位的氢氧化镍,其中含有稳定的 Ir SACs。该催化剂实现了 260 h 的长期 OER 稳定性,其在碱性介质中的质量活性远高于商用 IrO_2。对单斜 ZrO_2(m-ZrO_2)而言,单原子调控机理的研究大多数局限表面缺陷的情况下,在 Kauppinen 等[190]的工作中,基于实验和理论给出阴离子/阳离子缺陷下,Rh 和 Pt 单原子更易稳定在 m-ZrO_2 的 Zr 边缘位置。同时,Pt(111)作为一种具有良好催化性能的贵金属,以单原子形式引入多调制光催化剂是一个值得进一步研究的课题[191]。

铂(Pt)被广泛认为是最有效的贵金属催化剂。例如,Liang 等[192]证明,与商用 Pt/C 催化剂相比,通过在碳基基底上负载铂纳米颗粒,不仅具有超低的铂负载量,而且还大大提高了氧还原反应(ORR)和氢进化反应(HER)的催化活性。在酸性条件下,它的半波电位(0.902 V)超过了商用 Pt/C(0.861 V)。在 20 mV 和 30 mV 条件下,其质量活性分别是 Pt/C 的 2 倍和 6 倍。此外,将铂作为单原子催化剂(SACs)可进一步提高原子利用率和催化性能,其表现出更高的效率和选择性。Jin 等[193]采用原子尺度工程策略制备了 Pt@VNC SACs。在 10 mA/cm^2 的电流密度下,它只需要 5 mV 的过电位,质量活性是 20 wt% Pt/C 催化剂的 15 倍。Dong 等[194]将铂单原子锚定在无定形 ZrO_2 上,作为一种高效的二氧化碳还原光催化剂。这种光催化剂具有优异的 CO 生成率[16.61 μmol/(g·h)]和选择性(97.6%)。同时,如何影响光催化过程中不同配位环境调控模式之间的电子-空穴传输和复合,仍是有待研究的关键问题。

综上,本章采用基于密度泛函理论的第一性原理方法开展研究。我们还设计了掺杂非金属元素(C、N、P、S)的 Pt@ZrO_2 SACs,利用原子尺度工程策略调整催化剂的配位结构。本章通过电子特性和光催化性能解释掺杂和单原子光催化剂的结构-性能关系;探讨 Pt@ZrO_2 SACs 中配位环境对 HER 的协同作用,拓展掺杂光催化剂的应用范围。希望该设计能进一步解释光催化剂调控手段之间的相互作用,并为理解负载和掺杂的协同效应提供一些思路。

5.2 计算方法

本节研究内容通过 Materials studio 量子计算软件包的 Castep 模块进行电子性能计算。使用广义梯度近似(GGA)下的 Perdew-Burke-Ernzerhof(PBE)泛函的方法考虑电子相关能。对单斜 ZrO_2(m-ZrO_2)进行切面重构,计算其形成能合理[185-186]。考虑过渡金属 d 能级电子之间的强库仑交换相互作用。使用 OTFG

超软赝势计算电子特性,选择 Tkatchenko-Scheffler(TS)色散校正描述原子间弱相互作用。使用 HSE06 泛函进行更为精准的带隙计算,截止半径的精度设置为精细,截止能量值为 520 eV,K 点网格在布里渊区选择为 5×5×1,真空层厚度为 18 Å。

用切好的单层 ZrO_2(111)模型分别构建 C、N、P、S 掺杂模型,之后在模型上分别负载单原子 Pt 进行掺杂负载对照实验,对多个结构模型计算能带、态密度、光学性能进行计算,整理并分析数据。

本章间接得出的电子及催化性质参数按如下方式计算:

① 结构的形成能(ΔE_f):形成能可以体现结构稳定的程度,计算结果若为负值,则表明系统可以稳定,具体的计算方法如下:

$$\Delta E_f = x \cdot \Delta E_A + y \cdot \Delta E_B - \Delta E_{total} \tag{5-1}$$

式中,ΔE_A,ΔE_B,ΔE_{total} 为结构中单个组分的能量;x,y 为组分的数量。

② 原子的吸附能(ΔE_{ads}):用于衡量 Pt 单原子 ZrO_2 表面的结合程度,一般来说,吸附能的数值小于 -0.5 eV 为化学吸附,大于 -0.5 eV 为物理吸附,这要与成键情况结合进行分析。吸附能公式如下:

$$\Delta E_{ads} = E_{Pt\ on\ M} - E_M - E_{Pt} \quad \text{或者} \quad \Delta E_{ads} = E_{H\ on\ slab} - E_{slab} - 1/2 E_{H_2} \tag{5-2}$$

③ 载流子(包含电子与空穴)有效质量(m^*):有效质量与载流子迁移率呈反比关系。通过运用导带底(CBM)或者价带顶(VBM)在该对称点附近的数值进行二次拟合得出催化剂模型的电子或空穴有效质量[137],计算公式如下:

$$m_n = \left| \frac{h^2}{1.6 \times 10^{-19} \times a^2 \times \frac{\partial^2 E}{\partial^2 K} \times 9.1} \times m_0 \right| \tag{5-3}$$

式中,a 代表研究对象模型的晶格常数;m_0 代表电子质量;h 代表普朗克常数。根据上述光生载流子的定义,我们计算了导带底部附近的电子的有效质量(m_e)和价带顶部附近的空穴有效质量(m_h)。

④ 功函数(W_f):为电子从费米能级逃逸到真空所需要的最小能量,能够很好地体现外层电子跃迁能力。功函数的计算公式为 $W_f = E_{VAC} - E_F$,其中 E_{VAC} 和 E_F 分别为真空能级和费米能级的能量[154]。

⑤ 吉布斯自由能:析氢的吉布斯自由能可以直观体现催化剂对 H 原子的还原能力。HER 中氢原子吸附自由能 ΔG_{H^*} 的计算遵循 Nørskov 等人的定义,公式[195]如下:

$$\Delta G_{H^*} = \Delta E_H + \Delta E_{ZPE} - T\Delta S_H \tag{5-4}$$

式中,ΔE_{ZPE} 和 ΔS_H 分别为声子零点震动能以及氢原子的吸附态与气相之间的熵之差,可由下列方程式得到:

$$\Delta E_{ZPE} = E_{ZPE}(H^*) - \frac{1}{2}E_{ZPE}(H_2) \tag{5-5}$$

$$\Delta S = S(H^*) - \frac{1}{2}S(H_2) \approx -\frac{1}{2}S(H_2) \tag{5-6}$$

在 Nørskov 的研究中,不同金属表面的氢吸附 ΔE_{ZPE} 值被认为是 0.04 eV。其中,$S(H_2)$ 是标准状态下气相中 H_2 的熵。考虑 298 K 和标准大气压时 H_2 的 $TS(H_2)$ 为 0.40 eV,相应的 $T\Delta S$ 被确定为 -0.20 eV。* 表示电极表面的一个位点。当 ΔG_{H^*} 的绝对值为零时,HER 催化活性最好。

⑥ 光吸收谱:由于很多光学实验给出了材料的吸收系数 α,材料光吸收系数对应于不同波长的变化曲线即为材料的光吸收谱。在理论计算中,能量 E 决定的光吸收系数 $\alpha(E)$ 可以从以下公式[196]中获得:

$$\alpha(E) = \frac{2E}{hc}\sqrt{\frac{\sqrt{\varepsilon_1(E)^2 + \varepsilon_2(E)^2} - \varepsilon_1(E)}{2}} \tag{5-7}$$

式中,$\varepsilon_1(E)$ 和 $\varepsilon_2(E)$ 分别为介电常数的实部和虚部;c 是光速。

光化学水分离的氧化还原电位(对于 NHE)有着更为直观的判别效果,而相应材料 CBM 和 VBM 的位置可有如下公式表述:

$$E_{CB} = \chi - 4.5 - 0.5 E_g \quad (5-8)$$

$$E_{VB} = E_{CB} + E_g \quad (5-9)$$

式中,CBM 和 VBM 分别代表导带底和价带顶的氧化还原电位;χ 代表密立根电负性,公式如下[197]:

$$\chi = [\chi(A)^a \chi(B)^b]^{1/a+b} \quad (5-10)$$

式中,$\chi(A)$ 和 $\chi(B)$ 分别是两个原子的密立根电负性;a 和 b 是原子数。

当 pH=0 时,ΔG(pH)等于 0 eV,而当相应的电解质为中性或碱性时,ΔG(pH)会增大。此外,pH=0 时的交换电流密度(i_0)计算公式如下[198]:

$$i_0 = - e k_0 \frac{1}{1 + \exp(|\Delta G_{H^*}|/k_B T)} \quad (5-11)$$

式中,速率常数 k_0 设为 1;k_B 为波尔兹曼常数。

⑦ 理论过电位:

$$\eta = \Delta G_{H^*}/e \quad (5-12)$$

5.3 结论分析

5.3.1 ZrO$_2$(111)掺杂光催化剂性能分析

首先,构建了掺杂非金属元素(C、N、P、S)的 ZrO$_2$(111)晶体结构,各类掺杂结构如图 5-1(a)~(c)所示。同时,通过结构优化来保证模型的合理性和稳定性,表 5-1 详细列出了结构优化后模型的晶体参数和形成能。将晶格常数与他人的研究成果[199]进行比较,本章所选催化结构的晶体参数与其相近,形成能值均低于 -60 eV,反映出掺杂体系可以形成并稳定存在[188]。此外,还利用原子分子动力学方法(AIMD)考察了ZrO_2(111)-P催化剂的稳定性[见图 5-1(d)],结果表明催化剂没有明显的结构变形,催化剂的原子结构仅轻微偏离平衡位置。结构优化后,掺杂模型恢复到原来的原子结构,这证明ZrO_2和掺杂结构是动态趋稳的。

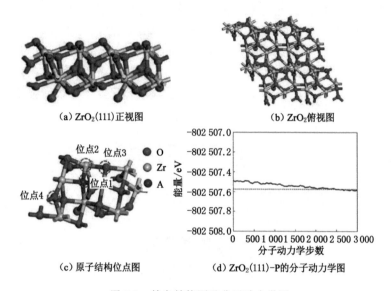

(a) ZrO_2(111)正视图　　(b) ZrO_2俯视图

(c) 原子结构位点图　　(d) ZrO_2(111)-P的分子动力学图

图 5-1　掺杂结构图及分子动力学图

表 5-1　优化后的晶格常数

材料	晶格常数		形成能/eV	带隙/eV
	a/Å	b/Å		
ZrO_2(111)	7.423	7.563	−64.69	5.44
ZrO_2(111)-C	7.422	7.561	−61.12	2.13
ZrO_2(111)-N	7.424	7.563	−64.74	3.89
ZrO_2(111)-P	7.422	7.561	−62.20	3.63
ZrO_2(111)-S	7.428	7.566	−64.93	4.01

然后,根据稳定的结构模型对催化剂的电子特性进行探讨。图 5-2 表明单层 m-ZrO$_2$(111)带隙值为 5.44 eV,与参考文献[200]中给出的值相当。在 K 空间,直接带隙是由导带的最小值和价带的最大值得出的。因此,由于层间电子只需吸收能量就能实现载流子的传递,从而促进了载流子的转变。从表 5-1 中可以看出,特别是在掺杂 C 和 P 元素时,元素掺杂会降低材料的带隙值,增强界面电子转移能力,并使光催化在可见光下更简单地发生。这是由于引入了杂原子,破坏了固有电子结构和配位结构。从带隙值分别为 3.31 eV 和 1.81 eV 可以看出,这两种元素的掺杂增强了其电子结构,有利于载流子的高效传输。

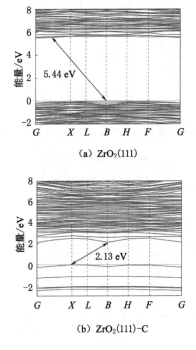

图 5-2 HSE06 能带结构

第 5 章 第一性原理设计 Pt 单原子负载于非金属元素掺杂 ZrO_2 用于光催化析氢

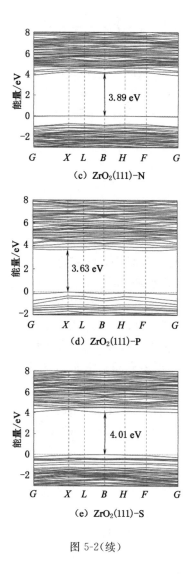

(c) ZrO_2(111)-N

(d) ZrO_2(111)-P

(e) ZrO_2(111)-S

图 5-2(续)

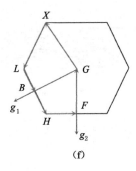

(f)

图 5-2(续)

电子能量的分布、不同原子各轨道之间的相互作用、电子状态能级以及结构的成键状态都可以从状态密度中看出。在 ZrO_2 和掺杂氧化锆中,分波态密度的整体变化见图 5-3。从图中可以看出费米能级附近原子轨道的贡献情况,价带靠近费米能级区域表示成键轨道,O-p 轨道的电子贡献均大于 Zr-d,电子分布主要在 O 原子附近,具有很强的局域性,而在导带一侧表示反键轨道,Zr-d 轨道的贡献大于 O-p,电子分布在 Zr 原子附近。当对结构进行元素掺杂后,C、N、P、S 的 p 轨道均表现出良好的电子运输能力,尤其 C、P 掺杂使得电子局域性波动较大,此时 Zr-4d 轨道整体偏移向费米能级,电子从价带穿过费米能级到导带的能力更强[见图 5-3(b)、(d)],显示出电子迁移率的提高[201]。特别是,C 和 P 的掺杂增加了局部电子的波动。因此,Zr-4d 轨道整体偏离费米级,整体 d 带中心降低,反键效应增强,这有利于质子 H 从催化剂表面逸出。这也证实了掺杂原子能有效提高表面电子的活性,降低化学键的饱和度,增加参与反应的活性位点数量。

结合载流子的有效质量,从图 5-4(b)中可以观察到,引入掺杂后电子和空穴的有效质量都降低了,从而减少了电子和空穴的碰撞,进而降低了重组效率,导致载流子迁移率的正向提升。其

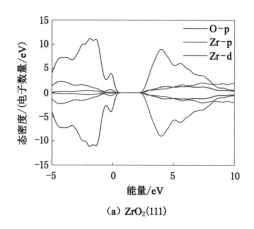

(a) $ZrO_2(111)$

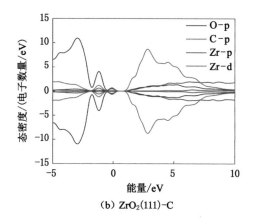

(b) $ZrO_2(111)$-C

图 5-3 掺杂后催化剂的分波态密度结果

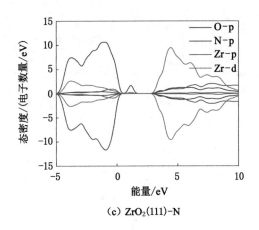

(c) ZrO$_2$(111)-N

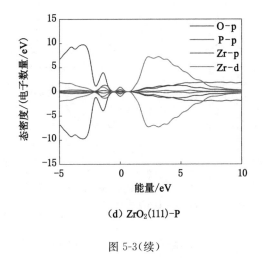

(d) ZrO$_2$(111)-P

图 5-3(续)

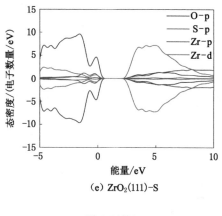

(e) $ZrO_2(111)$-S

图 5-3(续)

中,最突出的催化剂是 $ZrO_2(111)$-P,与单层 m-ZrO_2 相比,电子和空穴的有效质量从 $5.1m_0$ 降低到 $2.3m_0$,从而使载流子迁移率提高了近 50%[150]。总体而言,电子对于电荷载流子的有效质量相对较小,这表明 m_e 比 m_h 对载流子迁移率的贡献更大。另一方面,从功函数的变化可以看出,非金属元素的掺杂有利于电子从费米水平逸出到真空,其中 $ZrO_2(111)$-C 的减少最为明显。上述分析表明,功函数和有效质量共同决定了掺杂非金属元素的 $ZrO_2(111)$ 的催化性能,间接证实了 $ZrO_2(111)$-P 中这两个参数的提高是其光催化性能优异的重要因素。

观察作为描述光催化性能重要参数的吉布斯自由能,对催化剂表面四个活性位点[见图 5-1(c)]的 HER 活性进行了探究,具体吸附自由能见表 5-2。与未掺杂的结构相比,掺杂结构具有更好的 ΔG_{H^*} 值,掺杂元素可促进在其附近发生 HER。从图 5-5(a)中可以看出,掺杂元素更有利于氢的吸附和解析。其中,$ZrO_2(111)$-P 结构的 HER 性能最好,其 ΔG_{H^*} 值为 -0.05 eV,其次是 $ZrO_2(111)$-C 结

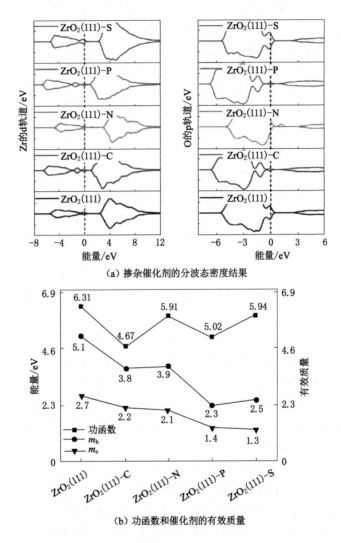

(a) 掺杂催化剂的分波态密度结果

(b) 功函数和催化剂的有效质量

图 5-4 掺杂催化剂的分波态密度结果及功函数和催化剂的有效质量

构,其 ΔG_{H^*} 值为 0.12 eV,已经超过了大多数氢进化催化剂的性能[202]。

表 5-2 光催化剂不同位点的吉布斯自由能

材料	位点 1/eV	位点 2/eV	位点 3/eV	位点 4/eV
ZrO_2(111)	0.57	1.06	0.55	0.63
ZrO_2(111)-C	0.12	0.92	0.43	0.57
ZrO_2(111)-N	0.47	0.89	0.54	0.60
ZrO_2(111)-P	0.05	0.77	0.24	0.51
ZrO_2(111)-S	033	0.86	0.41	0.64

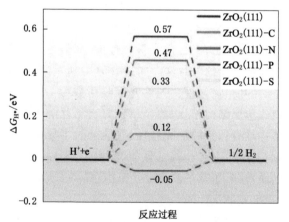

(a) 吉布斯自由能变化(ΔG_{H^*})的光吸收光谱

图 5-5 吉布斯自由能变化(ΔG_{H^*})的光吸收光谱及掺杂催化剂的光吸收光谱

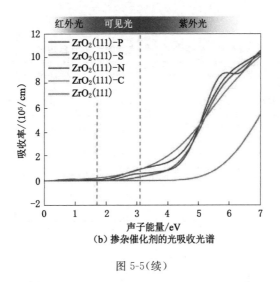

(b) 掺杂催化剂的光吸收光谱

图 5-5(续)

掺杂 P 的结构具有最佳的光催化性能,我们进一步分析它的光吸收能力和水分离的可行性。如图 5-5(b)所示,在光子能量为 3.2 eV(可见光)时,该光催化剂的光吸收系数为 10 129.4 cm^{-1}。与光催化剂的单层结构相比,掺杂结构具有更强的可见光吸收系数。掺杂结构具有独特的催化特性,它能通过半导体表面光生电子(e^-)激活分子氧,并产生高活性氧物种(ROS)。这促进了光生载流子的界面转移,拓宽了波长吸收范围,提高了光生载流子的生成能力,增强了光催化性能[58]。

另一方面,催化剂的氧化还原电位可以反映催化剂的光催化分水能力。如图 5-6 所示,除 $ZrO_2(111)$-N 外,所有光催化剂都能在 pH 值为 0~7 的范围内实现光催化分水。带位置包括水还原电位(E_{H^+/H_2})和水氧化电位(E_{O_2/H_2O})。$ZrO_2(111)$结构和掺杂结构都表现出明显的电子-空穴分离,形成了良好的内电场,从而增强了催化作用。掺杂后,带隙减小,载流子迁移能力增强,功函数降低。结果表明,相应的系统功函数最大降低了 1.64 eV,使得电子过渡表面变得更加容易。因此,掺杂结构的有效形成不仅提高了迁移活性,还增强了 ROS 活性。由此可以推断,掺杂催化剂能有效改善催化剂表面的电子分布状态,配位环境的改变使电子流动性更强,活性位点得到改善,有利于催化反应的进行。

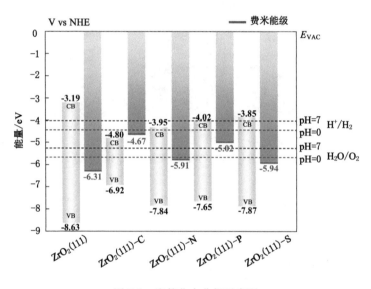

图 5-6 光催化水分解示意图

5.3.2 Pt@ZrO$_2$(111)-A 光催化剂性能

局部表面等离子体共振(LSPR)是在半导体光催化剂表面负载贵金属时发生的,它增强了入射光的吸收和散射,提高了催化剂附近的电磁强度,有效地调整了表面电子状态[125]。在本研究中,我们将铂原子负载到光催化剂的桥位上,如图 5-7(a)所示,并计算其吸附能。图 5-7(b)显示,桥位点的吸附能稳定在 -2 eV 左右,这表明化学吸附效果良好。而顶部和末端位点的单原子吸附能（约为-0.1 eV）则表现出较差的有效化学吸附。基于此，在接下来的研究中，将单原子的负载采用了桥式负载结构。催化剂模型的晶格参数如表 5-3 所列。催化剂结构的晶格参数与之前的结果没有明显差异，因此可以进行后续性能计算分析。

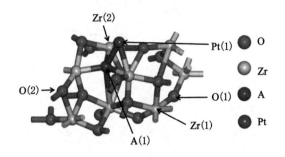

（a）催化剂在不同位置吸附单个原子的示意图

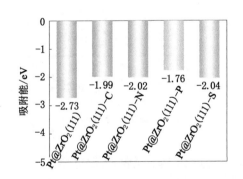

（b）铂原子在桥位的吸附能

图 5-7 催化剂在不同位置吸附单个原子的示意图及铂原子在桥位的吸附能

表 5-3　SAC 结构优化参数

材料	晶格常数		功函数 /eV	有效质量 /$\times m_0$		带隙 /eV
	a/Å	b/Å		m_h	m_e	
Pt@ZrO$_2$(111)-C	7.429	7.562	5.42	1.2	0.5	1.54
Pt@ZrO$_2$(111)-N	7.427	7.559	5.36	2.2	1.3	2.23
Pt@ZrO$_2$(111)-P	7.420	7.566	5.07	1.3	0.7	1.90
Pt@ZrO$_2$(111)-S	7.421	7.564	5.43	1.2	0.6	2.05

在电子特性变化方面,与掺杂状态的 m-ZrO$_2$ 相比,进一步负载单原子的电子/空穴有效质量从 $2.5m_h$ 降至 $1.2m_e$,从而提高了载流子迁移率。负载结构降低了电子/空穴的有效质量,对载流子迁移率有积极的促进作用。铂单原子(Pt SA)的引入为掺杂调节提供了协同效应。这也表明电子在载流子传输途径中起着主导作用。从 W_f 可以看出,负载 Pt SA 调整了催化剂表面的电子分布状态,激发了电子迁移活性,并进一步促进电子从费米水平逸出到真空,其中 Pt@ZrO$_2$(111)-P 的还原作用最为显著。

图 5-8 的结果表明,在引入铂原子后,催化剂结构呈现出带隙宽度减小的间接带隙特性,有效地控制了宽带隙半导体材料的带结构。同时,与未负载 Pt SA 的催化剂相比,其有效质量进一步降低,载流子迁移率显著提高,促进了界面电子跃迁能力,使光催化更容易在可见光下发生。其中,Pt@ZrO$_2$(111)-C 和 Pt@ZrO$_2$(111)-P 结构的带隙值进一步降低,分别为 1.54 eV 和 1.90 eV,使得光生载流子更容易吸收光能实现激发,为光催化分水提供了良好的反应环境。

图 5-9 显示了负载单原子后的部分波态密度。费米能级附近的价带代表成键轨道,其中 O-p 轨道的电子贡献大于 Pt-d 轨道,电子主要分布在 O 原子附近,具有很强的局域性。在导带一侧,代表的是反键轨道,其中 Zr-d 轨道的电子贡献大于 O-p 轨道,电

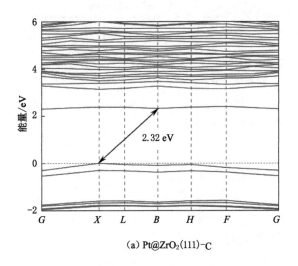

(a) Pt@ZrO$_2$(111)-C

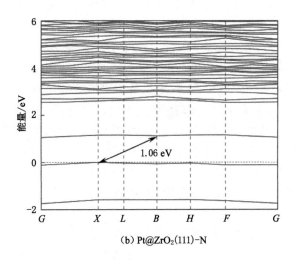

(b) Pt@ZrO$_2$(111)-N

图 5-8 HSE06 泛函下能带结构

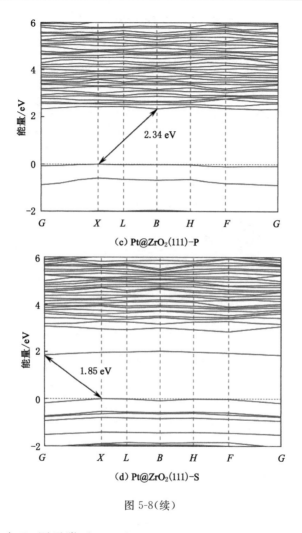

图 5-8(续)

子分布在 Zr 原子附近。Pt@ZrO$_2$(111)-C 和 Pt@ZrO$_2$(111)-P 的电子局域变化很大,它们从价带向导带转移电子的能力更强,这与能带结构的变化相一致。通过共振峰的判断可以看出结构中包含 Zr—O 键、O—A 键、Pt—A 键和 Pt—O 键。与图 5-3 相比，Pt SA 的加入明显极化了催化剂的外轨道，更有利于表面电荷的分离，提高了反应的催化活性。

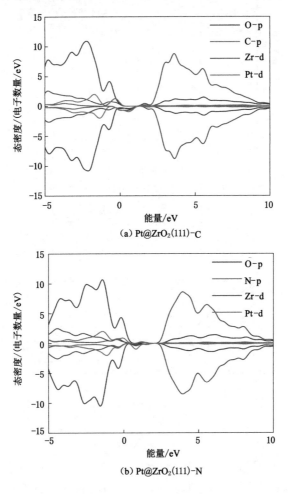

图 5-9 单原子催化剂的分波态密度结果

第5章　第一性原理设计Pt单原子负载于非金属元素掺杂ZrO₂用于光催化析氢

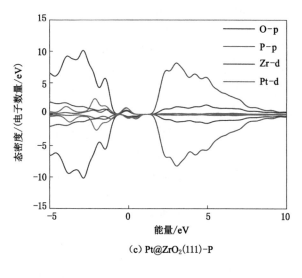

(c) Pt@ZrO$_2$(111)-P

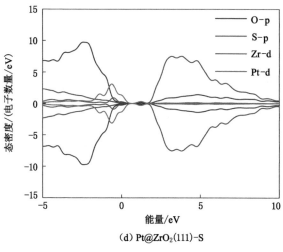

(d) Pt@ZrO$_2$(111)-S

图5-9(续)

吉布斯自由能的计算结果如图 5-10(a)所示。Pt@ZrO$_2$(111)-P 结构对 H 的吸附解离能力最强,其 ΔG_{H^*} 值为 -0.01 eV,与 Ir$_3$-NG 结构($\Delta G_{H^*}=0.02$ eV)相比,仍具有一定优势[203]。同时,其他结构也具有良好的 ΔG_{H^*} 值,反映出负载 Pt SA 能增强反应的电子活性,有效地进行光催化氢气进化。为了验证催化剂具有如此强大的析氢能力,我们再次利用 GGA-PW 91 泛函对 SACs 的氢演化自由能进行了理论计算(计算精度与 GGA-PBE 一致)[204]。图 5-11 中的结果表明,虽然该算法的计算结果会使 GGA-PBE 的氢演化性能略有下降,但 Pt@ZrO$_2$(111)-P 的自由能仅变为 0.08 eV,仍然保持了优异的氢演化活性。同时,整体性能一致,与其他电催化剂的氢气进化能力相比仍具有显著优势[200,205]。

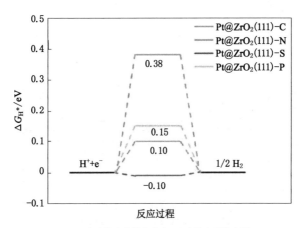

(a) 吉布斯自由能变化(ΔG_{H^*})的光吸收光谱

图 5-10 吉布斯自由能变化(ΔG_{H^*})的光吸收光谱及负载型催化剂的光吸收光谱

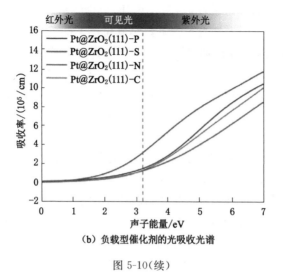

(b)负载型催化剂的光吸收光谱

图 5-10(续)

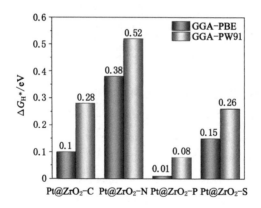

图 5-11 PW91 和 PBE 泛函下 SACs 吉布斯自由能

最佳的 $Pt@ZrO_2(111)$-P 具有优异的电子特性,还需要从光吸收光谱的角度来解释,如图 5-10(b)所示。可以看出,进一步负载的光催化剂的可见光吸收系数明显高于仅掺杂的结构。负载贵金属结构具有独特的催化性能,LSPR 和 ROS 效应促进了光生载流子的界面传输性能,扩大了吸收波长范围,提高了光催化反应性能。$Pt@ZrO_2(111)$-N 结构的光吸收性能最好,光子能量为 3.2 eV,可见光吸收系数为 313 744.4 cm^{-1},与之前的分析结果一致。而 $Pt@ZrO_2(111)$-P 的光吸收系数可达 14 355.4 cm^{-1},高于未负载 Pt SA 的光吸收能力,更容易产生光生载流子[206]。虽然 $Pt@ZrO_2(111)$-N 光催化剂对 HER 的反馈结果不够理想,但其良好的光催化能力将在特定反应中发挥出色的催化作用。

图 5-12 说明了光催化剂 $Pt@ZrO_2(111)$-A 的带边位置与其通过氧化和还原进行水分离的能力之间的关系。在 pH=0 时,$Pt@ZrO_2(111)$-P 和 $Pt@ZrO_2(111)$-C 都能完全分裂水。尽管与单原子光催化剂相比,它们没有显著的 SACs 位点,但它们的窄带隙、强大的光吸收能力以及优异的电子存储和传输特性都非常有用[207]。总的来说,我们可以发现费米级偏向于 CB 侧,表明这类催化剂具有 n 型半导体特性,电子迁移是提高催化性能的主要因素,这与有效质量的计算结构是一致的。同时,载流子迁移和反应能力可由外部电场有效触发,激发催化剂的活性位点,更有利于催化反应。

负载 Pt SA 的催化剂具有显著的电子-空穴分离能力,形成良好的内部电场,在有限范围内增强了催化作用。这也解释了引入单原子可再次增强掺杂结构的光催化性能。带隙的进一步减小、轨道相互作用的增强、轨道振荡的增加和载流子迁移率的提高以及功函数的相应减小,使得电子跃迁变得更加容易。另一方面,Pt SA 的负载提高了表面电子在掺杂 ZrO_2 中的迁移能力,进一步破坏了催化剂晶体结构的固有周期性,从而促进了催化反应的活性[208-209]。这些结果表明,SACs 可有效改善层间电子排布状态,

第 5 章 第一性原理设计 Pt 单原子负载于非金属元素掺杂 ZrO_2 用于光催化析氢

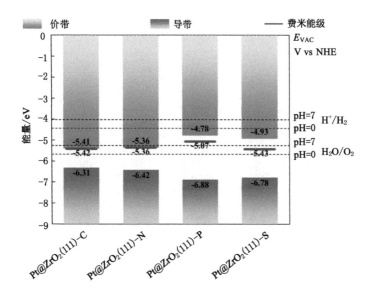

图 5-12 光催化水分解示意图

光激发下在 Pt SA 与金属表面之间的局部空间产生 LSPR,并诱导产生非均匀磁场、高能载流子和光热效应。这种现象可以促进活性位点的增加,提高反应速率。刺激催化剂的活性位点更有利于催化反应[210]。这说明 SACs 能有效改善层间电子排布状态,刺激催化剂的活性位点,更有利于催化反应的进行。

下面进一步讨论催化剂自由能与特性之间的比例关系。图 5-13(a)显示了自由能与电流密度的火山曲线,表明掺杂 P、C 的体系是一种很有潜力的氢进化催化剂材料,其潜力接近火山图的峰值。这意味着 P 和 C 既破坏了氧化锆的原始周期结构,又增加了接触处的电子活性。此外,我们认为这些光催化剂显示的火山图是光诱导电压驱动的光催化剂的一个关键特性。

自由能与过电位之间的相关性如图 5-13(b)所示。很明显,

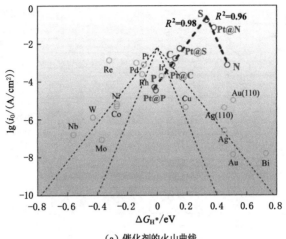

(a)催化剂的火山曲线

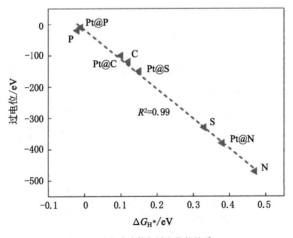

(b)自由能与过电位的关系

图 5-13 光催化剂的比例关系

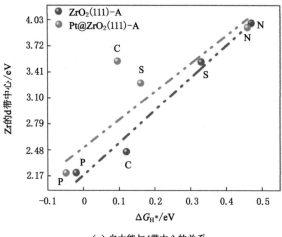

(c)自由能与d带中心的关系

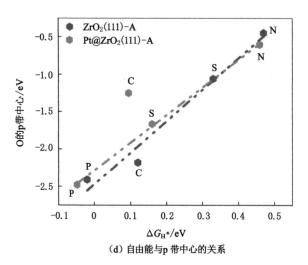

(d)自由能与p带中心的关系

图 5-13(续)

Pt@ZrO$_2$(111)-P 占据了峰值位置,催化性能最好[211]。计算得出的 d 带中心和自由能也有很好的线性关系[见图 5-13(c)]。过渡金属 Zr 和 Pt 的 d 轨道相互作用,加强了电子耦合,提高了 HER 能力。p 带中心和自由能之间的线性关系很强,这表明掺杂剂对催化剂的 p 轨道效应有很大影响[见图 5-13(d)]。也可以认为 P 和 S 等原子具有潜在的催化活性位点,它们扮演着 O 的角色。这表明 s 与 p 能级相互作用形成了通常跨越费米级的反键 σ* 态和位于费米级以下的成键 σ 轨道。随着 p 带越来越低,进入反键 σ* 态的电子越来越多,预计这将削弱 ΔG_{H^*} 的作用。这表明,改变同一体系中光催化剂的配位和元素负载量也可能会产生等效的线性关系,为后续研究提供了一个有用的研究方向。

5.4 小结

探索常用光催化剂的表面电子态调整,提高光激发和载流子迁移能力是一项重要措施。本章讨论了 m-ZrO$_2$ 光催化剂的设计。通过添加非金属成分和负载贵金属单原子铂,改变催化剂表面的配体结构,提高催化剂的活性。由于刺激了电子跃迁,因此产生了优异的 HER 活性。AIMD 计算和形成能计算都可被用来确定催化剂的稳定性。研究表明,元素掺杂可降低材料的带隙,增强其电子结构,促进光生载流子的有效转移,并增加光吸收。Pt SA 负载可控制带隙,降低活化能,改善载流子迁移并促进电子的跃迁。根据光吸收光谱和 −0.01 eV 的吉布斯自由能,发现最佳负载结构为 Pt@ZrO$_2$(111)-P。这一发现表明,负载和掺杂的协同效应可显著增强催化活性位点和层间电子排布,从而获得良好的 HER 活性。由于该催化剂体系的催化活性与其他参数之间具有良好的线性关系,为元素掺杂和单原子负载光催化剂材料提供了一个很有前景的新途径。这些发现为该领域的进一步研究提供了宝贵的参考。

第6章 结 论

本书通过实验和理论计算的方法,设计了适配贵金属单原子催化剂的功能型载体。针对非晶-单原子催化体系的可控构筑进行了实验探究,运用密度泛函理论,计算验证了非晶异质结构复合型单原子催化剂载体设计的可行性,探究非晶氧化物(ZrO_2和TiO_2)负载单原子催化剂的应用特点及催化规律。具体研究内容如下:

① 利用液相合成法实现了分散良好的非晶氧化锆纳米线可控合成。不同的热处理温度合成晶化程度不同的纯非晶态氧化锆纳米线、晶态氧化锆纳米线。结果表明非晶ZrO_2拥有丰富的氧空位和缺陷,能够有效促进光催化反应的发生和单原子Pt的负载。负载单原子Pt后,带隙和光催化过电位均有所降低,电子空穴分离效率有所提升。二氧化碳还原转化效率达到16.61 $\mu mol/(g \cdot h)$,选择性高达97.6%。

② 利用密度泛函理论对晶态和非晶态$ZrO_2/g\text{-}C_3N_4$异质结构负载Rh单原子进行了计算。结果表明,非晶态$ZrO_2/g\text{-}C_3N_4$异质结构负载Rh单原子具有很好的稳定性,能够有效降低体系功函数,提升电荷转移能力和光吸收系数,具有优异的光催化析氢性能。

③ 利用密度泛函理论对晶态和非晶态$r\text{-}TiO_2$/晶态MoS_2异质结构负载Pt单原子催化剂进行了计算。结果表明,非晶态$r\text{-}TiO_2$/晶态MoS_2异质结构负载Pt单原子具有很好的稳定性,

能够有效降低体系功函数,促进电子空穴分离,提升载流子迁移率和光吸收系数,具有优异的光催化析氧性能。

④ 利用密度泛函理论对非金属元素掺杂和进一步负载单原子的 m-ZrO_2 进行了第一性原理计算。结果表明,负载和掺杂对 ZrO_2 的改性具有协同作用,引入铂单原子后,其良好的表面电子活性显著提高了 HER 反应的活性。

本研究设计的非晶(异质结构)-单原子催化剂体系可以打破常规催化剂的结构规律与表面电荷规律,提供了一种加速光催化研发进程的设计思路,为光催化剂的研发奠定了一定的研究基础。

参 考 文 献

[1] 廖代伟. 催化科学导论[M]. 北京:化学工业出版社,2006.
[2] 黄仲涛. 工业催化剂手册[M]. 北京:化学工业出版社,2004.
[3] 靳永勇,郝盼盼,任军,等. 单原子催化:概念、方法与应用[J]. 化学进展,2015,27(12):1689-1704.
[4] YANG M, ALLARD L F, FLYTZANI-STEPHANOPOULOS M. Atomically dispersed Au-(OH)$_x$ species bound on titania catalyze the low-temperature water-gas shift reaction[J]. Journal of the American chemical society,2013,135(10):3768-3771.
[5] YOO M, YU Y S, HA H, et al. A tailored oxide interface creates dense Pt single-atom catalysts with high catalytic activity[J]. Energy & environmental science,2020,13(4):1231-1239.
[6] XIA Y N, XIONG Y J, LIM B, et al. Shape-controlled synthesis of metal nanocrystals:simple chemistry meets complex physics?[J]. Angewandte chemie (International Ed in English),2009,48(1):60-103.
[7] YANG X F, WANG A Q, QIAO B T, et al. Single-atom catalysts:a new frontier in heterogeneous catalysis[J]. Accounts of chemical research,2013,46(8):1740-1748.
[8] SAU T K, ROGACH A L, JÄCKEL F, et al. Properties and applications of colloidal nonspherical noble metal nanoparticles

[J]. Advanced materials,2010,22(16):1805-1825.
[9] FARMER J A, CAMPBELL C T. Ceria maintains smaller metal catalyst particles by strong metal-support bonding[J]. Science,2010,329(5994):933-936.
[10] CHENG N C,ZHANG L,DOYLE-DAVIS K,et al. Single-atom catalysts:from design to application[J]. Electrochemical energy reviews,2019,2(4):539-573.
[11] GAWANDE M B,FORNASIERO P,ZBOŘIL R. Carbon-based single-atom catalysts for advanced applications[J]. ACS catalysis,2020,10(3):2231-2259.
[12] QIAO B T, WANG A Q, YANG X F, et al. Single-atom catalysis of CO oxidation using Pt_1/FeO_x [J]. Nature chemistry,2011,3(8):634-641.
[13] ZHANG H J, KAWASHIMA K, OKUMURA M, et al. Colloidal Au single-atom catalysts embedded on Pd nanoclusters[J]. Journal of materials chemistry A,2014,2(33):13498-13508.
[14] SHI Y T,ZHAO C Y,WEI H S,et al. Single-atom catalysis in mesoporous photovoltaics:the principle of utility maximization[J]. Advanced materials,2014,26(48):8147-8153.
[15] KYRIAKOU G, BOUCHER M B, JEWELL A D, et al. Isolated metal atom geometries as a strategy for selective heterogeneous hydrogenations[J]. Science,2012,335(6073):1209-1212.
[16] GUO X G, FANG G Z, LI G, et al. Direct, nonoxidative conversion of methane to ethylene, aromatics, and hydrogen [J]. Science,2014,344(6184):616-619.
[17] LIN J, WANG A Q, QIAO B T, et al. Remarkable

performance of Ir1/FeO$_x$ single-atom catalyst in water gas shift reaction[J]. Journal of the American chemical society, 2013,135(41):15314-15317.

[18] WEI H S, LIU X Y, WANG A Q, et al. FeO$_x$-supported platinum single-atom and pseudo-single-atom catalysts for chemoselective hydrogenation of functionalized nitroarenes [J]. Nature communications,2014,5:5634.

[19] QIAO B T, LIANG J X, WANG A Q, et al. Ultrastable single-atom gold catalysts with strong covalent metal-support interaction (CMSI)[J]. Nano research,2015,8(9): 2913-2924.

[20] LIANG X, FU N H, YAO S C, et al. The progress and outlook of metal single-atom-site catalysis[J]. Journal of the American chemical society,2022,144(40):18155-18174.

[21] JONES J, XIONG H F, DELARIVA A T, et al. Thermally stable single-atom platinum-on-ceria catalysts via atom trapping[J]. Science,2016,353(6295):150-154.

[22] DVOŘÁK F, FARNESI CAMELLONE M, TOVT A, et al. Creating single-atom Pt-ceria catalysts by surface step decoration[J]. Nature communications,2016,7:10801.

[23] LIU P X, ZHAO Y, QIN R X, et al. Photochemical route for synthesizing atomically dispersed palladium catalysts[J]. Science,2016,352(6287):797-800.

[24] ZHANG L L, WANG A Q, WANG W T, et al. Co—N—C catalyst for C—C coupling reactions: on the catalytic performance and active sites[J]. ACS catalysis, 2015, 5 (11):6563-6572.

[25] SUN S H, ZHANG G X, GAUQUELIN N, et al. Single-

atom catalysis using Pt/graphene achieved through atomic layer deposition[J]. Scientific reports,2013,3:1775.

[26] YAN H,CHENG H,YI H,et al. Single-atom Pd_1/graphene catalyst achieved by atomic layer deposition: remarkable performance in selective hydrogenation of 1,3-butadiene [J]. Journal of the American chemical society,2015,137(33):10484-10487.

[27] PIERNAVIEJA-HERMIDA M,LU Z,WHITE A,et al. Towards ALD thin film stabilized single-atom Pd_1 catalysts [J]. Nanoscale,2016,8(33):15348-15356.

[28] CHOI M,WU Z J,IGLESIA E. Mercaptosilane-assisted synthesis of metal clusters within zeolites and catalytic consequences of encapsulation[J]. Journal of the American chemical society,2010,132(26):9129-9137.

[29] INGLEZAKIS V J,POULOPOULOS S G. Adsorption,ion exchange and catalysis:design of operations and environmental applications[M]. Amsterdam:Elsevier,2006.

[30] HÜLSEY M J,FUNG V,HOU X D,et al. Hydrogen spillover and its relation to hydrogenation:observations on structurally defined single-atom sites [J]. Angewandte chemie,2022,134(40):e202208237.

[31] GUO Y L,HUANG Y K,ZENG B,et al. Photo-thermo semi-hydrogenation of acetylene on Pd_1/TiO_2 single-atom catalyst[J]. Nature communications,2022,13(1):2648.

[32] CUI X J,LI H B,WANG Y,et al. Room-temperature methane conversion by graphene-confined single iron atoms [J]. Chem,2018,4(8):1902-1910.

[33] LORIA H,PEREIRA-ALMAO P,SCOTT C E. Determination

of agglomeration kinetics in nanoparticle dispersions [J]. Industrial and engineering chemistry research,2011,50(14): 8529-8535.

[34] LIU B,ZENG H C. Symmetric and asymmetric Ostwald ripening in the fabrication of homogeneous core-shell semiconductors[J]. Small,2005,1(5):566-571.

[35] SRIVASTAVA S,THOMAS J P,RAHMAN M A,et al. Size-selected TiO_2 nanocluster catalysts for efficient photoelectrochemical water splitting[J]. ACS nano,2014,8 (11):11891-11898.

[36] ZHOU T F,ZHENG Y,GAO H,et al. Surface engineering and design strategy for surface-amorphized TiO_2 @ Graphene hybrids for high power Li-ion battery electrodes [J]. Advanced science,2015,2(9):1500027.

[37] CARGNELLO M,DELGADO JAÉN J J,HERNÁNDEZ GARRIDO J C,et al. Exceptional activity for methane combustion over modular Pd@CeO_2 subunits on functionalized Al_2O_3[J]. Science,2012,337(6095):713-717.

[38] SHENG H W,LUO W K,ALAMGIR F M,et al. Atomic packing and short-to-medium-range order in metallic glasses [J]. Nature,2006,439(7075):419-425.

[39] SHENG H W,LIU H Z,CHENG Y Q,et al. Polyamorphism in a metallic glass[J]. Nature materials,2007,6(3):192-197.

[40] ZENG Q,SHENG H,DING Y,et al. Long-range topological order in metallic glass[J]. Science,2011,332(6036):1404-1406.

[41] JIANG Z J,ZHAO T Y,REN J J,et al. NMR evidence for the charge-discharge induced structural evolution in a Li-ion battery glass anode and its impact on the electrochemical

performances[J]. Nano energy,2021,80:105589.
[42] ZHAO Y M, LI X, LIU X B, et al. Balancing benefits of strength, plasticity and glass-forming ability in Co-based metallic glasses[J]. Journal of materials science and technology, 2021,86(30):110-116.
[43] SHEN S J, WANG Z P, LIN Z P, et al. Crystalline-amorphous interfaces coupling of $CoSe_2$/CoP with optimized d-band center and boosted electrocatalytic hydrogen evolution[J]. Advanced materials,2022,34(13):e2110631.
[44] BURDA C, CHEN X B, NARAYANAN R, et al. Chemistry and properties of nanocrystals of different shapes[J]. Chemical reviews,2005,105(4):1025-1102.
[45] XU D, BLIZNAKOV S, LIU Z P, et al. Composition-dependent electrocatalytic activity of Pt-Cu nanocube catalysts for formic acid oxidation[J]. Angewandte chemie, 2010,122(7):1304-1307.
[46] SHANG Y, SHAO Y M, ZHANG D F, et al. Recrystallization-induced self-assembly for the growth of Cu_2O superstructures [J]. Angewandte chemie,2014,126(43):11698-11702.
[47] WEN G B, LEE D U, REN B H, et al. Carbon dioxide electroreduction: orbital interactions in Bi-Sn bimetallic electrocatalysts for highly selective electrochemical CO_2 reduction toward formate production[J]. Advanced energy materials,2018,8(31):1802427.
[48] GAO M, CHEN L L, ZHANG Z H, et al. Interface engineering of the $Ni(OH)_2$-Ni_3N nanoarray heterostructure for the alkaline hydrogen evolution reaction[J]. Journal of materials chemistry A,2018,6(3):833-836.

[49] WANG H L, ZHANG L S, CHEN Z G, et al. Semiconductor heterojunction photocatalysts: design, construction, and photocatalytic performances[J]. Chemical society reviews, 2014, 43(15): 5234-5244.

[50] MORIYA Y, TAKATA T, DOMEN K. Recent progress in the development of (oxy)nitride photocatalysts for water splitting under visible-light irradiation[J]. Coordination chemistry reviews, 2013, 257(13-14): 1957-1969.

[51] SAKAI N, EBINA Y, TAKADA K, et al. Electronic band structure of titania semiconductor nanosheets revealed by electrochemical and photoelectrochemical studies[J]. Journal of the American chemical society, 2004, 126(18): 5851-5858.

[52] WU Y C, LIU Z M, LI Y R, et al. Construction of 2D-2D TiO_2 nanosheet/layered WS_2 heterojunctions with enhanced visible-light-responsive photocatalytic activity[J]. Chinese journal of catalysis, 2019, 40(1): 60-69.

[53] YUAN L, WENG B, COLMENARES J C, et al. Multichannel charge transfer and mechanistic insight in metal decorated 2D-2D Bi_2WO_6-TiO_2 cascade with enhanced photocatalytic performance[J]. Small, 2017, 13(48): 1702253.

[54] VAHEDI GERDEH F, FEIZBAKHSH A, KONOZ E, et al. Copper sulphide-Zirconium dioxide nanocomposites photocatalyst with enhanced UV-light photocatalysis efficiency: structural and methodology[J]. International journal of environmental analytical chemistry, 2022, 102(19): 8004-8018.

[55] SU X, YANG X F, HUANG Y Q, et al. Single-atom catalysis toward efficient CO_2 conversion to CO and formate

[56] LIU S, YANG H B, HUNG S F, et al. Elucidating the electrocatalytic CO_2 reduction reaction over a model single-atom nickel catalyst[J]. Angewandte chemie international edition,2020,59(2):798-803.

[57] HE Y M, ZHANG L H, WANG X X, et al. Enhanced photodegradation activity of methyl orange over Z-scheme type MoO_3-g-C_3N_4 composite under visible light irradiation [J]. RSC advances,2014,4(26):13610-13619.

[58] WANG A Q, LI J, ZHANG T. Heterogeneous single-atom catalysis[J]. Nature reviews chemistry,2018,2(6):65-81.

[59] SHAIK S A, GOSWAMI A, VARMA R S, et al. Nitrogen-doped nanocarbons (NNCs): current status and future opportunities[J]. Current opinion in green and sustainable chemistry,2019,15:67-76.

[60] YIN P Q, YAO T, WU Y E, et al. Single cobalt atoms with precise N-coordination as superior oxygen reduction reaction catalysts[J]. Angewandte chemie,2016,128(36):10958-10963.

[61] CHEN D J, CHENG Y L, ZHOU N. Photocatalytic degradation of organic pollutants using TiO_2-based photocatalysts: a review [J]. Journal of cleaner production,2020,268:121725.

[62] CORREDOR J, RIVERO M J, RANGEL C M, et al. Comprehensive review and future perspectives on the photocatalytic hydrogen production[J]. Journal of chemical technology and biotechnology,2019,94(10):3049-3063.

[63] HU J H, WANG L J, ZHANG P. Construction of solid-

state Z-scheme carbon-modified TiO_2/WO_3 nanofibers with enhanced photocatalytic hydrogen production[J]. Journal of power sources,2016,328:28-36.

[64] FUJISHIMA A, HONDA K. Electrochemical photolysis of water at a semiconductor electrode[J]. Nature, 1972, 238 (5358):37-38.

[65] BAWARI S, KALEY N M, PAL S, et al. On the hydrogen evolution reaction activity of grapheme-hBN van der Waals heterostructures[J]. Physical chemistry chemical physics, 2018,20(22):15007-15014.

[66] CHAPLIN R S, WRAGG A A. Effects of process conditions and electrode material on reaction pathways for carbon dioxide electroreduction with particular reference to formate formation[J]. Journal of applied electrochemistry, 2003, 33 (12):1107-1123.

[67] GUO W X, WANG Z Y, WANG X Q, et al. General design concept for single-atom catalysts toward heterogeneous catalysis[J]. Advanced materials,2021,33(34):2004287.

[68] TAHIR M, AMIN N A S. Photocatalytic CO_2 reduction and kinetic study over In/TiO_2 nanoparticles supported microchannel monolith photoreactor[J]. Applied catalysis A:general,2013,467:483-496.

[69] HANSEN T W, DELARIVA A T, CHALLA S R, et al. Sintering of catalytic nanoparticles: particle migration or Ostwald ripening? [J]. Accounts of chemical research,2013,46 (8):1720-1730.

[70] ARNAL P M, COMOTTI M, SCHÜTH F. High-temperature-stable catalysts by hollow sphere encapsulation[J]. Angewandte

chemie international edition, 2006, 45(48): 8224-8227.

[71] CHEN S, HUANG D L, CHENG M, et al. Surface and interface engineering of two-dimensional bismuth-based photocatalysts for ambient molecule activation[J]. Journal of materials chemistry A, 2021, 9(1): 196-233.

[72] DJURIŠIĆ A B, LEUNG Y H, CHING NG A M. Strategies for improving the efficiency of semiconductor metal oxide photocatalysis[J]. Materials horizons, 2014, 1(4): 400-410.

[73] RONG P, JIANG Y F, WANG Q, et al. Photocatalytic degradation of methylene blue (MB) with Cu_1-ZnO single atom catalysts on graphene-coated flexible substrates[J]. Journal of materials chemistry A, 2022, 10(11): 6231-6241.

[74] CAI Z, LI L D, ZHANG Y W, et al. Amorphous nanocages of Cu-Ni-Fe hydr(oxy)oxide prepared by photocorrosion for highly efficient oxygen evolution[J]. Angewandte chemie, 2019, 131(13): 4233-4238.

[75] REN H, WANG Y, YANG Y, et al. Fe/N/C nanotubes with atomic Fe sites: a highly active cathode catalyst for alkaline polymer electrolyte fuel cells[J]. ACS catalysis, 2017, 7(10): 6485-6492.

[76] ZHANG Z R, FENG C, WANG D D, et al. Selectively anchoring single atoms on specific sites of supports for improved oxygen evolution[J]. Nature communications, 2022, 13: 2473.

[77] CAI C, LIU K, ZHU Y M, et al. Optimizing hydrogen binding on Ru sites with RuCo alloy nanosheets for efficient alkaline hydrogen evolution[J]. Angewandte chemie international

edition,2022,61(4):e202113664.

[78] JIANG K, BACK S, AKEY A J, et al. Highly selective oxygen reduction to hydrogen peroxide on transition metal single atom coordination[J]. Nature communications,2019, 10:3997.

[79] TAN T H, XIE B Q, NG Y H, et al. Unlocking the potential of the formate pathway in the photo-assisted Sabatier reaction[J]. Nature catalysis,2020,3(12):1034-1043.

[80] LI X, YU J G, JARONIEC M, et al. Cocatalysts for selective photoreduction of CO_2 into solar fuels[J]. Chemical reviews, 2019,119(6):3962-4179.

[81] JIANG Z, XU X H, MA Y H, et al. Filling metal-organic framework mesopores with TiO_2 for CO_2 photoreduction [J]. Nature,2020,586(7830):549-554.

[82] LIN H W, LUO S Q, ZHANG H B, et al. Toward solar-driven carbon recycling[J]. Joule,2022,6(2):294-314.

[83] ZHOU H, CHEN Z X, LÓPEZ A V, et al. Engineering the Cu/Mo_2CTx (MXene) interface to drive CO_2 hydrogenation to methanol[J]. Nature catalysis,2021,4(10):860-871.

[84] HUANG J E, LI F W, OZDEN A, et al. CO_2 electrolysis to multicarbon products in strong acid[J]. Science,2021,372 (6546):1074-1078.

[85] ULMER U, DINGLE T, DUCHESNE P N, et al. Fundamentals and applications of photocatalytic CO_2 methanation [J]. Nature communications,2019,10:3169.

[86] WANG Y, SHANG X T, SHEN J N, et al. Direct and indirect Z-scheme heterostructure-coupled photosystem enabling cooperation of CO_2 reduction and H_2O oxidation

[J]. Nature communications,2020,11:3043.

[87] FU J W,JIANG K X,QIU X Q,et al. Product selectivity of photocatalytic CO_2 reduction reactions[J]. Materials today,2020,32:222-243.

[88] HUANG H M,SONG H,KOU J H,et al. Atomic-level insights into surface engineering of semiconductors for photocatalytic CO_2 reduction [J]. Journal of energy chemistry,2022,67:309-341.

[89] BAN C G,DUAN Y Y,WANG Y,et al. Isotype heterojunction-boosted CO_2 photoreduction to CO[J]. Nano-micro letters,2022,14(1):74.

[90] VOORHEES P W. The theory of Ostwald ripening[J]. Journal of statistical physics,1985,38(1):231-252.

[91] KISTAMURTHY D,SAIB A M,MOODLEY D J,et al. Ostwald ripening on a planar Co/SiO_2 catalyst exposed to model Fischer-Tropsch synthesis conditions[J]. Journal of catalysis,2015,328:123-129.

[92] CALDERON V S,CAVALEIRO A,CARVALHO S. Chemical and structural characterization of ZrCNAg coatings:XPS,XRD and Raman spectroscopy[J]. Applied surface science,2015,346:240-247.

[93] LI F S,ZHAO H W,YUE Y H,et al. Dual-phase super-strong and elastic ceramic[J]. ACS nano,2019,13(4):4191-4198.

[94] CHEN G,ZHU Y P,CHEN HAO ming,et al. An amorphous nickel-iron-based electrocatalyst with unusual local structures for ultrafast oxygen evolution reaction[J]. Advanced materials,2019,31(28):1900883.

[95] MA J D, WU Y M, JIANG C H, et al. Microstructural exploration of the high capacitance in RuO_2-ZrO_2 Coating [J]. Chinese journal of structural chemistry, 2021, 40(1): 125-135.

[96] 高慧, 杨在发, 赵敬芬, 等. 第一性原理研究 Nb、Sn、Cu、Fe 和 Cr 对 Zr(0001)晶面抗疖状腐蚀性能的影响[J]. 计算物理, 2022, 39(1): 101-108.

[97] SALUSSO D, BORFECCHIA E, BORDIGA S. Combining X-ray diffraction and X-ray absorption spectroscopy to unveil Zn local environment in Zn-doped ZrO_2 catalysts[J]. The journal of physical chemistry C, 2021, 125(40): 22249-22261.

[98] WANG Q Q, WANG W Z, ZHANG L, et al. Catalytic reduction of low-concentration CO_2 with water by Pt/Co@NC[J]. Journal of materials science & technology, 2018, 34(12): 2337-2341.

[99] GIONCO C, PAGANINI M C, GIAMELLO E, et al. Paramagnetic defects in polycrystalline zirconia: an EPR and DFT study [J]. Chemistry of materials, 2013, 25(11): 2243-2253.

[100] WANG X, AN Y, LIU L F, et al. Atomically dispersed pentacoordinated-zirconium catalyst with axial oxygen ligand for oxygen reduction reaction [J]. Angewandte chemie, 2022, 134(36): e202209746.

[101] ALEKSANDROV H A, NEYMAN K M, HADJIIVANOV K I, et al. Can the state of platinum species be unambiguously determined by the stretching frequency of an adsorbed CO probe molecule? [J]. Physical chemistry chemical physics,

2016,18(32):22108-22121.

[102] HUANG Y Q,LIU Y J,YANG Z H,et al. Synthesis of yolk/shell Fe_3O_4-polydopamine-graphene-Pt nanocomposite with high electrocatalytic activity for fuel cells[J]. Journal of power sources,2014,246:868-875.

[103] SHI L, TIN K C, WONG N B. Thermal stability of zirconia membranes [J]. Journal of Materials science, 1999,34(14):3367-3374.

[104] WEI J, QIN S N, YANG J, et al. Probing single-atom catalysts and catalytic reaction processes by shell-isolated nanoparticle-enhanced Raman spectroscopy [J]. Angewandte chemie international edition,2021,60(17):9306-9310.

[105] ADRAIDER Y, PANG Y X, NABHANI F, et al. Fabrication of zirconium oxide coatings on stainless steel by a combined laser/sol-gel technique [J]. Ceramics international,2013,39(8):9665-9670.

[106] 谭小平,梁叔全,柴立元,等. Si—Al—Zr—O 系非晶原位晶化过程中的拉曼光谱和红外光谱研究[J]. 光谱学与光谱分析,2011,31(1):123-126.

[107] LO C C,HUNG C H,YUAN C S,et al. Photoreduction of carbon dioxide with H_2 and H_2O over TiO_2 and ZrO_2 in a circulated photocatalytic reactor[J]. Solar energy materials and solar cells,2007,91(19):1765-1774.

[108] KOHNO Y,TANAKA T,FUNABIKI T,et al. Photoreduction of CO_2 with H_2 over ZrO_2. A study on interaction of hydrogen with photoexcited CO_2 [J]. Physical chemistry chemical physics,2000,2(11):2635-2639.

[109] ZHANG H W, ITOI T, KONISHI T, et al. Dual

photocatalytic roles of light: charge separation at the band gap and heat via localized surface plasmon resonance to convert CO_2 into CO over silver-zirconium oxide[J]. Journal of the American chemical society,2019,141(15): 6292-6301.

[110] XIONG X Y, MAO C L, YANG Z J, et al. Photocatalytic CO_2 reduction to CO over Ni single atoms supported on defect-rich zirconia[J]. Advanced energy materials, 2020, 10(46):2002928.

[111] LI L, LI P, WANG Y J, et al. Modulation of oxygen vacancy in hydrangea-like ceria via Zr doping for CO_2 photoreduction[J]. Applied surface science,2018,452:498-506.

[112] MATĚJOVÁ L, KOČÍ K, RELI M, et al. On sol-gel derived Au-enriched TiO_2 and TiO_2-ZrO_2 photocatalysts and their investigation in photocatalytic reduction of carbon dioxide[J]. Applied surface science,2013,285:688-696.

[113] GU M, LIU D, DING T, et al. Plasmon-assisted photocatalytic CO_2 reduction on Au decorated ZrO_2 catalysts[J]. Dalton transactions,2021,50(18):6076-6082.

[114] LI Y L, LIU Y, MU H Y, et al. The simultaneous adsorption, activation and in situ reduction of carbon dioxide over Au-loading BiOCl with rich oxygen vacancies [J]. Nanoscale,2021,13(4):2585-2592.

[115] ZHANG L, WANG W Z, JIANG D, et al. Photoreduction of CO_2 on BiOCl nanoplates with the assistance of photoinduced oxygen vacancies[J]. Nano research,2015,8(3):821-831.

[116] DESSAL C, SANGNIER A, CHIZALLET C, et al. Atmosphere-dependent stability and mobility of catalytic Pt single atoms and clusters on γ-Al_2O_3 [J]. Nanoscale, 2019, 11(14):6897-6904.

[117] PENG H, DENG X, LI G, et al. Oxygen vacancy and Van der Waals heterojunction modulated interfacial chemical bond over $Mo_2C/Bi_4O_5Br_2$ for boosting photocatalytic CO_2 reduction[J]. Applied catalysis B: environmental, 2022, 318:121866.

[118] JIANG F, WANG S S, LIU B, et al. Insights into the influence of CeO_2 Crystal facet on CO_2 Hydrogenation to methanol over Pd/CeO_2 Catalysts [J]. ACS catalysis, 2020,10(19):11493-11509.

[119] XIN Z K, HUANG M Y, WANG Y, et al. Reductive carbon-carbon coupling on metal sites regulates photocatalytic CO_2 reduction in water using ZnSe quantum dots[J]. Angewandte chemie,2022,134(31):e202207222.

[120] GAO G P, JIAO Y, WACLAWIK E R, et al. Single atom (Pd/Pt) supported on graphitic carbon nitride as an efficient photocatalyst for visible-light reduction of carbon dioxide[J]. Journal of the American chemical society, 2016,138(19):6292-6297.

[121] LIANG J H, DENG Z X, JIANG X, et al. Photoluminescence of tetragonal ZrO_2 nanoparticles synthesized by microwave irradiation[J]. Inorganic chemistry,2002,41(14):3602-3604.

[122] HANKIN A, BEDOYA-LORA F E, ALEXANDER J C, et al. Flat band potential determination: avoiding the pitfalls [J]. Journal of materials chemistry A, 2019, 7 (45):

26162-26176.

[123] CHEN P, LEI B, DONG X A, et al. Rare-earth single-atom La-N charge-transfer bridge on carbon nitride for highly efficient and selective photocatalytic CO_2 reduction[J]. ACS nano, 2020, 14(11):15841-15852.

[124] DENG H Z, XU F Y, CHENG B, et al. Photocatalytic CO_2 reduction of C/ZnO nanofibers enhanced by an Ni-NiS cocatalyst[J]. Nanoscale, 2020, 12(13):7206-7213.

[125] YE Z W, XU Z H, YUE W H, et al. Exploiting the LSPR effect for an enhanced photocatalytic hydrogen evolution reaction[J]. Physical chemistry chemical physics, 2023, 25 (4):2706-2716.

[126] RENUKA L, ANANTHARAJU K S, SHARMA S C, et al. A comparative study on the structural, optical, electrochemical and photocatalytic properties of ZrO_2 nanooxide synthesized by different routes[J]. Journal of alloys and compounds, 2017, 695:382-395.

[127] ZHANG N, YANG M Q, LIU S Q, et al. Waltzing with the versatile platform of graphene to synthesize composite photocatalysts[J]. Chemical reviews, 2015, 115(18):10307-10377.

[128] FU S R, ZHANG B B, HU H Y, et al. ZnO nanowire arrays decorated with PtO nanowires for efficient solar water splitting[J]. Catalysis science and technology, 2018, 8(11):2789-2793.

[129] WANG Y, ARANDIYAN H, SCOTT J, et al. Single atom and nanoclustered Pt catalysts for selective CO_2 reduction[J]. ACS applied energy materials, 2018, 1(12):6781-6789.

[130] WANG X, SHI H, KWAK J H, et al. Mechanism of CO_2 hydrogenation on Pd/Al_2O_3 catalysts: kinetics and transient DRIFTS-MS studies[J]. ACS catalysis, 2015, 5 (11):6337-6349.

[131] DRESSELHAUS M S, THOMAS I L. Alternative energy technologies[J]. Nature, 2001, 414(6861):332-337.

[132] CHEN Y, FAN Z X, ZHANG Z C, et al. Two-dimensional metal nanomaterials: synthesis, properties, and applications[J]. Chemical reviews, 2018, 118(13):6409-6455.

[133] GLAVIN N R, RAO R, VARSHNEY V, et al. Emerging applications of elemental 2D materials[J]. Advanced materials, 2020, 32(7):1904302.

[134] MENG X Y, MA C, JIANG L Z, et al. Distance synergy of MoS_2-confined rhodium atoms for highly efficient hydrogen evolution[J]. Angewandte chemie, 2020, 132 (26):10588-10593.

[135] HUTSCHKA F, DEDIEU A, EICHBERGER M, et al. Mechanistic aspects of the rhodium-catalyzed hydrogenation of CO_2 to formic Acid: a theoretical and kinetic study[J]. Journal of the American chemical society, 1997, 119(19):4432-4443.

[136] DUAN H L, WANG C, LI G N, et al. Single-atom-layer catalysis in a MoS_2 monolayer activated by long-range ferromagnetism for the hydrogen evolution reaction: beyond single-atom catalysis[J]. Angewandte chemie, 2021, 133(13):7327-7334.

[137] MAZUMDER V, CHI M F, MANKIN M N, et al. A facile synthesis of MPd (M=Co, Cu) nanoparticles and their catalysis for formic acid oxidation[J]. Nano letters, 2012,

12(2):1102-1106.

[138] LI M H, WANG H F, LUO W, et al. Heterogeneous single-atom catalysts for electrochemical CO_2 reduction reaction[J]. Advanced materials,2020,32(34):2001848.

[139] WANG Y, ZHANG Z Z, ZHANG L N, et al. Visible-light driven overall conversion of CO_2 and H_2O to CH_4 and O_2 on 3D-SiC@2D-MoS_2 heterostructure[J]. Journal of the American chemical society,2018,140(44):14595-14598.

[140] GU W L, LU F X, WANG C, et al. Face-to-face interfacial assembly of ultrathin g-C_3N_4 and anatase TiO_2 nanosheets for enhanced solar photocatalytic activity[J]. ACS applied materials and interfaces,2017,9(34):28674-28684.

[141] ZHONG R Y, ZHANG Z S, YI H Q, et al. Covalently bonded 2D/2D O-g-C_3N_4/TiO_2 heterojunction for enhanced visible-light photocatalytic hydrogen evolution [J]. Applied catalysis B:environmental,2018,237:1130-1138.

[142] LI X H, XU J, ZHOU X Y, et al. Amorphous CoS modified nanorod $NiMoO_4$ photocatalysis for hydrogen production [J]. Journal of materials science:materials in electronics,2020,31(1):182-195.

[143] LIU J N, JIA Q H, LONG J L, et al. Amorphous NiO as co-catalyst for enhanced visible-light-driven hydrogen generation over g-C_3N_4 photocatalyst[J]. Applied catalysis B:environmental,2018,222:35-43.

[144] Xu X, Li L, Han W, et al. Crystalline/amorphous Al/Al_2O_3 core/shell nanospheres as efficient catalysts for the selective transfer hydrogenation of α,β-unsaturated aldehydes [J]. Catalysis communications,2018,109:50-54.

[145] DONG S Z, LI Y S, ZHU B S, et al. Application of two-dimensional sandwich structure supported Pt single-atom catalysts in photocatalytic hydrogen evolution: a first-principles study [J]. International journal of quantum chemistry, 2021, 121(23): e26800.

[146] ZHU B C, ZHANG L Y, CHENG B, et al. First-principle calculation study of tri-s-triazine-based g-C_3N_4: a review [J]. Applied catalysis B: environmental, 2018, 224: 983-999.

[147] MOU H Y, WANG J F, YU D K, et al. Fabricating amorphous g-C_3N_4/ZrO_2 photocatalysts by one-step pyrolysis for solar-driven ambient ammonia synthesis [J]. ACS applied materials and interfaces, 2019, 11(47): 44360-44365.

[148] ZHANG P P, YANG Y Y, DUAN X G, et al. Density functional theory calculations for insight into the heterocatalyst reactivity and mechanism in persulfate-based advanced oxidation reactions [J]. ACS Catalysis, 2021, 11(17): 11129-11159.

[149] ZHU B C, XIA P F, LI Y, et al. Fabrication and photocatalytic activity enhanced mechanism of direct Z-scheme g-C_3N_4/Ag_2WO_4 photocatalyst [J]. Applied surface science, 2017, 391: 175-183.

[150] BARDEEN J, SHOCKLEY W. Deformation potentials and mobilities in non-polar crystals [J]. Physical review, 1950, 80(1): 72-80.

[151] NØRSKOV J K, BLIGAARD T, ROSSMEISL J, et al. Towards the computational design of solid catalysts [J]. Nature chemistry, 2009, 1(1): 37-46.

[152] TANG L, MENG X G, DENG D H, et al. Confinement catalysis with 2D materials for energy conversion[J]. Advanced materials,2019,31(50):1901996.

[153] LIU J J. Origin of high photocatalytic efficiency in monolayer g-C_3N_4/CdS heterostructure: a hybrid DFT study[J]. The journal of physical chemistry C,2015,119(51):28417-28423.

[154] WANG J J, GUAN Z Y, HUANG J, et al. Enhanced photocatalytic mechanism for the hybrid g-C_3N_4/MoS_2 nanocomposite[J]. Journal of materials chemistry A, 2014,2(21):7960-7966.

[155] NØRSKOV J K, BLIGAARD T, LOGADOTTIR A, et al. Trends in the exchange current for hydrogen evolution [J]. Journal of the electrochemical society, 2005, 152(3):J23.

[156] LOW J, YU J G, JARONIEC M, et al. Heterojunction photocatalysts[J]. Advanced materials,2017,29(20):1601694.

[157] WU Q Y, ZHANG J, PAN X T, et al. Vacancy augmented piezo-sonosensitizer for cancer therapy[J]. Advanced science,2023,10(26):2301152.

[158] ZHANG Y, SHEN Y Q, LIU J J, et al. Two novel easily exfoliated quaternary chalcogenides with high performance of photocatalytic hydrogen production[J]. Applied surface science,2022,604:154555.

[159] HE C, ZHANG J H, ZHANG W X, et al. Type-II InSe/g-C_3N_4 heterostructure as a high-efficiency oxygen evolution reaction catalyst for photoelectrochemical water splitting [J]. The journal of physical chemistry letters, 2019, 10

(11):3122-3128.

[160] XU B B, ZHOU M, YE M, et al. Cooperative motion in water-methanol clusters controls the reaction rates of heterogeneous photocatalytic reactions[J]. Journal of the American chemical society,2021,143(29):10940-10947.

[161] CAI X, DENG S, LI L J, et al. A first-principles theoretical study of the electronic and optical properties of twisted bilayer GaN structures [J]. Journal of computational electronics,2020,19(3):910-916.

[162] YAN J, SONG Z L, WANG X, et al. Construction of 3D hierarchical $GO/MoS_2/g$-C_3N_4 ternary nanocomposites with enhanced visible-light photocatalytic degradation performance [J]. Chemistry select, 2019, 4 (24): 7123-7133.

[163] WANG W C, ZHU S, CAO Y N, et al. Edge-enriched ultrathin MoS_2 embedded yolk-shell TiO_2 with boosted charge transfer for superior photocatalytic H_2 evolution[J]. Advanced functional materials,2019,29(36):1901958.

[164] YUAN Y J, YE Z J, LU H W, et al. Constructing anatase TiO_2 nanosheets with exposed (001) facets/layered MoS_2 two-dimensional nanojunctions for enhanced solar hydrogen generation[J]. ACS catalysis,2016,6(2):532-541.

[165] MASA J, WEIDE P, PEETERS D, et al. Amorphous cobalt boride (Co_2B) as a highly efficient nonprecious catalyst for electrochemical water splitting:oxygen and hydrogen evolution [J]. Advanced energy materials,2016,6(12):1502313.

[166] YU H G, CHEN W Y, WANG X F, et al. Enhanced photocatalytic activity and photoinduced stability of

Ag-based photocatalysts: the synergistic action of amorphous-Ti(IV) and Fe(III) cocatalysts[J]. Applied catalysis B: environmental,2016,187:163-170.

[167] TRAN P D, TRAN T V, ORIO M, et al. Coordination polymer structure and revisited hydrogen evolution catalytic mechanism for amorphous molybdenum sulfide [J]. Nature materials,2016,15(6):640-646.

[168] WANG R Y,WANG J X,JIA J,et al. The growth pattern and electronic structures of Cu_n ($n = 1$-14) clusters on rutile TiO_2 (1 1 0) surface[J]. Applied surface science, 2021,536:147793.

[169] MAO R, DON KONG B, KIM K W. Thermal transport properties of metal/MoS_2 interfaces from first principles [J]. Journal of applied physics,2014,116(3):034302.

[170] AN X Q,HU C Z,LIU H J,et al. Hierarchical nanotubular anatase/rutile/TiO_2(B) heterophase junction with oxygen vacancies for enhanced photocatalytic H_2 production[J]. Langmuir,2018,34(5):1883-1889.

[171] GUO L, YANG Z, MARCUS K, et al. MoS_2/TiO_2 heterostructures as nonmetal plasmonic photocatalysts for highly efficient hydrogen evolution [J]. Energy and environmental science,2018,11(1):106-114.

[172] OPOKU F,GOVENDER K K,VAN SITTERT C G C E, et al. Tuning the electronic structures, work functions, optical properties and stability of bifunctional hybrid graphene oxide/V-doped $NaNbO_3$ type-II heterostructures: a promising photocatalyst for H_2 production [J]. Carbon, 2018, 136: 187-195.

[173] ZHAO T T, CHEN J, WANG X D, et al. Probing the electronic structure and photocatalytic performance of g-SiC/MoSSe van der Waals heterostructures: a first-principle study[J]. Applied surface science, 2021, 536: 147708.

[174] WU Y H, LIAN J Q, WANG Y X, et al. Potentiostatic electrodeposition of self-supported NiS electrocatalyst supported on Ni foam for efficient hydrogen evolution[J]. Materials and design, 2021, 198: 109316.

[175] LIU X R, ZHANG M, YANG T T, et al. Carbon nanofibers as nanoreactors in the construction of PtCo alloy carbon core-shell structures for highly efficient and stable water splitting[J]. Materials and design, 2016, 109: 162-170.

[176] YAN Y H, TIAN Y P, HAO M F, et al. Synthesis and characterization of cross-like Ni-Co-P microcomposites [J]. Materials and design, 2016, 111: 230-238.

[177] SARAC B, KARAZEHIR T, YÜCE E, et al. Porosity and thickness effect of Pd-Cu-Si metallic glasses on electrocatalytic hydrogen production and storage [J]. Materials and design, 2021, 210: 110099.

[178] LIU H, LIU D Z, CHENG X, et al. One-step electrodeposition of Ni-Mo electrode with column-pyramid hierarchical structure for highly-efficient hydrogen evolution [J]. Materials and design, 2022, 224: 111427.

[179] ZHANG H F, LIU Y, XU X Y, et al. Induced fast charge transport and gas release using 3D ordered vertical carbon nanotubes for high-performance electrocatalysis[J]. Materials and design, 2022, 224: 111329.

[180] SHEJALE K P, KRISHNAN Y, DHARMAN R K, et al. Ultralow Fe instigated defect engineering of hierarchical N-Porous carbon for highly efficient electrocatalysis[J]. Materials and design,2023,227:111782.

[181] SHILPA R, SIBI K S, PAI R K, et al. Electrocatalytic water splitting for efficient hydrogen evolution using molybdenum disulfide nanomaterials[J]. Materials science and engineering:B,2022,285:115930.

[182] GUO M L, ZHANG X D, LIANG C T. Concentration-dependent electronic structure and optical absorption properties of B-doped anatase TiO_2 [J]. Physica B: condensed matter,2011,406(17):3354-3358.

[183] WANG Z, YANG C Y, LIN T Q, et al. H-doped black titania with very high solar absorption and excellent photocatalysis enhanced by localized surface plasmon resonance[J]. Advanced functional materials, 2013, 23 (43):5444-5450.

[184] LI Y Y, WALSH A G, LI D S, et al. W-doped TiO_2 for photothermocatalytic CO_2 reduction[J]. Nanoscale, 2020, 12(33):17245-17252.

[185] SHI X R, WANG P J, JING C H, et al. The formation of O vacancy on ZrO_2/Pd and its effect on methane dry reforming:insights from DFT and microkinetic modeling [J]. Applied surface science,2023,619:156679.

[186] PAN Y, ZHANG J. Influence of noble metals on the electronic and optical properties of the monoclinic ZrO_2:a first-principles study[J]. Vacuum,2021,187:110112.

[187] GAO T T, TANG X M, LI X Q, et al. Understanding the

atomic and defective interface effect on ruthenium clusters for the hydrogen evolution reaction[J]. ACS catalysis, 2023,13(1):49-59.

[188] LI Y S, DONG S Z, SHANG W L, et al. Application of graphene/two-dimensional amorphous ZrO_2 supported Pd single atom catalysts in CO oxidation: first principles[J]. Molecular catalysis,2021,511:111684.

[189] HE Q, QIAO S C, ZHOU Q, et al. Confining high-valence iridium single sites onto nickel oxyhydroxide for robust oxygen evolution[J]. Nano letters,2022,22(9):3832-3839.

[190] KAUPPINEN M M, MELANDER M M, HONKALA K. First-principles insight into CO hindered agglomeration of Rh and Pt single atoms on m-ZrO_2[J]. Catalysis science and technology,2020,10(17):5847-5855.

[191] XUE Z G, YAN M Y, ZHANG Y D, et al. Understanding the injection process of hydrogen on Pt1-TiO_2 surface for photocatalytic hydrogen evolution[J]. Applied catalysis B: environmental,2023,325:122303.

[192] LIANG L H, JIN H H, ZHOU H, et al. Ultra-small platinum nanoparticles segregated by nickle sites for efficient ORR and HER processes[J]. Journal of energy chemistry,2022,65:48-54.

[193] JIN H Y, HA M R, KIM M G, et al. Engineering Pt coordination environment with atomically dispersed transition metal sites toward superior hydrogen evolution [J]. Advanced energy materials,2023,13(11):2204213.

[194] DONG S, LIU W, LIU S, et al. Single atomic Pt on amorphous ZrO_2 nanowires for advanced photocatalytic

CO_2 reduction[J]. Materials today nano,2022,17:100157.

[195] PEARSON R G. Absolute electronegativity and absolute hardness of Lewis acids and bases[J]. Journal of the american chemical society,1985,107(24):6801-6806.

[196] XIA C X,DU J,HUANG X W,et al. Two-dimensional n-InSe/p-GeSe(SnS) van der Waals heterojunctions: high carrier mobility and broadband performance[J]. Physical review B,2018,97(11):115416.

[197] WATSON R E,BENNETT L H. A Mulliken electronegativity scale and the structural stability of simple compounds[J]. Journal of physics and chemistry of solids,1978,39(11):1235-1242.

[198] GAO G P,O'MULLANE A P,DU A J. 2D MXenes:a new family of promising catalysts for the hydrogen evolution reaction[J]. ACS catalysis,2017,7(1):494-500.

[199] PETCHMARK M,RUANGPORNVISUTI V. Hydrogen adsorption on c-ZrO_2(111),t-ZrO_2(101),and m-ZrO_2(111) surfaces and their oxygen-vacancy defect for hydrogen sensing and storage: a first-principles investigation[J]. Materials letters,2021,301:130243.

[200] DING P R,JI H D,LI P S,et al. Visible-light degradation of antibiotics catalyzed by titania/zirconia/graphitic carbon nitride ternary nanocomposites: a combined experimental and theoretical study[J]. Applied catalysis B:environmental,2022,300:120633.

[201] LIU J L,BI H,ZHANG L,et al. Transition metal Dual-Atom Ni_2/TiO_2 catalysts for photoelectrocatalytic hydrogen Evolution: a density functional theory study[J]. Applied

surface science,2023,608:155132.

[202] ZHAO D K,LI Z L,YU X L,et al. Ru decorated Co nanoparticles supported by N-doped carbon sheet implements Pt-like hydrogen evolution performance in wide pH range[J]. Chemical engineering journal, 2022, 450:138254.

[203] SHI X C,LI Y C,ZHANG S,et al. Precious trimetallic single-cluster catalysts for oxygen and hydrogen electrocatalytic reactions:theoretical considerations[J]. Nano research, 2023, 16(5):8042-8050.

[204] RANGARAJAN S, MAVRIKAKIS M. A comparative analysis of different van der Waals treatments for molecular adsorption on the basal plane of $2H-MoS_2$[J]. Surface science,2023,729:122226.

[205] GENG S, TIAN F Y, LI M G, et al. Hole-rich CoP nanosheets with an optimized d-band center for enhancing pH-universal hydrogen evolution electrocatalysis [J]. Journal of materials chemistry A,2021,9(13):8561-8567.

[206] QIAO J S, KONG X H, HU Z X,et al. High-mobility transport anisotropy and linear dichroism in few-layer black phosphorus [J]. Nature communications, 2014, 5:4475.

[207] LV L L,SHEN Y Q,LIU J J,et al. MX (M=Au,Ag;X= S, Se, Te) monolayers: promising photocatalysts for oxygen evolution reaction with excellent light capture capability[J]. Applied surface science,2022,600:154055.

[208] DONG P Y,WANG Y,ZHANG A,et al. Platinum single atoms anchored on a covalent organic framework:boosting

active sites for photocatalytic hydrogen evolution[J]. ACS catalysis,2021,11(21):13266-13279.

[209] XIN Y, YU K F, ZHANG L T, et al. Copper-based plasmonic catalysis: recent advances and future perspectives [J]. Advanced materials,2021,33(32):e2008145.

[210] BABAR P T, LOKHANDE A C, GANG M G, et al. Thermally oxidized porous NiO as an efficient oxygen evolution reaction (OER) electrocatalyst for electrochemical water splitting application [J]. Journal of industrial and engineering chemistry,2018,60:493-497.

[211] LIU S, LI Z D, WANG C L, et al. Turning main-group element magnesium into a highly active electrocatalyst for oxygen reduction reaction [J]. Nature communications, 2020,11:938.